计算机前沿技术丛书

算法分析与设计

Python版

梅红岩 王妍 主编

清华大学出版社

北京

内 容 简 介

本书系统介绍了算法分析与算法设计的概念、方法和应用。全书涵盖数据结构、串与序列、动态规划、贪心算法、图算法、概率算法、查找与排序算法等内容。本书采用工程问题导引、反向设计的方式组织内容，基于经典算法问题案例完成对算法基本理论、基本数据结构、算法性能等内容的介绍与分析，并完成算法的实践，突出对知识应用能力和工程实践能力的培养。

本书可以作为普通高等学校人工智能、计算机科学与技术、软件工程、电子信息工程、自动化等专业的教材，也适合从事软件开发与设计的科研和工程技术人员参考。

图书在版编目(CIP)数据

算法分析与设计：Python 版/梅红岩，王妍主编.—北京：清华大学出版社，2023.12
(计算机前沿技术丛书)
ISBN 978-7-302-64449-1

Ⅰ. ①算… Ⅱ. ①梅… ②王… Ⅲ. ①电子计算机－算法分析 ②电子计算机－算法设计 Ⅳ. ①TP301.6

中国国家版本馆 CIP 数据核字(2023)第 153999 号

责任编辑：王　芳　李　晔
封面设计：刘　键
责任校对：郝美丽
责任印制：沈　露

出版发行：清华大学出版社
　　　　网　　　址：https://www.tup.com.cn,https://www.wqxuetang.com
　　　　地　　　址：北京清华大学学研大厦 A 座　　　邮　　编：100084
　　　　社 总 机：010-83470000　　　　　　　　　邮　　购：010-62786544
　　　　投稿与读者服务：010-62776969，c-service@tup.tsinghua.edu.cn
　　　　质量反馈：010-62772015，zhiliang@tup.tsinghua.edu.cn
　　　　课件下载：https://www.tup.com.cn,010-83470236
印 装 者：北京嘉实印刷有限公司
经　　销：全国新华书店
开　　本：185mm×260mm　　印　张：12.75　　　　字　　数：311 千字
版　　次：2023 年 12 月第 1 版　　　　　　　　　印　　次：2023 年 12 月第 1 次印刷
印　　数：1～1500
定　　价：49.00 元

产品编号：094912-01

"人工智能核心"系列教材编审委员会

徐咏	河池学院
何奇文	河池学院
宋华宁	河池学院
韦庆进	河池学院
胡楠	辽宁科技学院
李瑾	西南医科大学
宋月亭	昆明文理学院
孟进	昆明文理学院
丁勇	昆明文理学院
高嘉璐	昆明文理学院
张凯	长春财经学院
陈佳	桂林理工大学
何首武	桂林理工大学
李莹	桂林理工大学
李晓英	桂林理工大学
韩振华	新疆师范大学
裴志松	长春工业大学
李熹	广西民族大学
石云	六盘水师范学院
王顺晔	廊坊师范学院
苏布达	呼和浩特民族学院
李娟	呼和浩特民族学院
包乌格德勒	呼和浩特民族学院
陈逸怀	温州城市大学
李敏	荆楚理工学院
徐刚	云南工商学院
熊蜀峰	河南农业大学
孟宪伟	辽宁科技学院
董永胜	集宁师范学院
刘洋	牡丹江大学
任世杰	聊城大学
李立军	聊城大学
杨静	辽宁何氏医学院
周帅	北京博海迪信息科技股份有限公司

前言

PREFACE

本书从解决问题的角度出发，系统地介绍了算法分析与算法设计的概念、方法和应用，涵盖的内容包括数据结构、串与序列、动态规划、贪心算法、图算法、概率算法、查找与排序算法等内容。在介绍算法的基础上，本书还分析了算法的基本理论、经典的算法问题和算法实践。本书采用 Python 作为算法分析与设计的描述与实现语言，共 10 章。第 1 章介绍了算法的基本概念以及怎样设计、描述和评价一个算法等相关内容。第 2 章介绍了数据结构的基础知识，包括线性表、队列、栈、树和二叉树及图等数据结构的基本原理、基本操作及其应用举例，为算法设计奠定基础。第 3～8 章分别从解决问题的角度出发，对算法的设计与分析内容进行了围绕问题的分类介绍：第 3 章排序问题，着重讲述各类排序算法并进行了比较分析；第 4 章查找问题，重点介绍了线性表、树、散列表的查找问题；第 5 章图的问题，重点讲解了如何采用图结构进行相关问题的求解，并给出最小生成树、关键路径和最短路径等问题的应用举例；第 6 章串与序列问题，主要介绍了子串搜索问题和最长公共子串搜索问题的相关算法并给出应用举例；第 7 章组合问题，重点讲解动态规划算法、贪心算法、最优装载问题和多机调度问题的求解及其应用举例；第 8 章概率问题，主要讲解了数值概率问题、舍伍德算法、拉斯维加斯算法和蒙特卡罗算法内容及应用举例。第 9 章和第 10 章主要从经典问题解决和游戏中的算法实现两方面进行内容介绍，重点在于算法的应用与代码实践；第 9 章给出了鸡兔同笼问题、汉诺塔问题、三色球问题和野人与传教士问题等经典问题的原理和算法实现；第 10 章游戏与算法实践，给出了酷跑游戏、连连看游戏、五子棋游戏和俄罗斯方块游戏的描述和算法实现。

本书具有如下特点：

（1）问题导向。区别于传统的算法分析与设计教材"以算法为核心"，本书从解决问题的角度出发，有机结合基本概念给出解决同一类问题的不同算法。

（2）突出应用性。针对问题结合算法给出应用案例，有助于学生对知识的理解、掌握及其应用能力的提升。

（3）代码详解。书中每章都提供了比较详细的 Python 代码实现。

本书可作为新工科技术类计算机相关专业的应用型本科、高职本科或专科教材，也可作为信息类相关专业的选修教材。讲授的学时可为 48～64 学时，教师可依据专业、学生和学时的实际情况，选讲第 1～8 章内容，第 9 章和第 10 章可作为学生的扩展学习或上机实践内容。本书文字简洁，通俗易懂，提供的代码较为详细，便于自学，可供从事计算机应用等相关工作的科技人员参考。

本书在编写过程中参阅了大量国内外专家、学者发表的著作、论文，在此向这些同行们表示衷心的感谢！

书稿虽经数次修改，但因编者水平有限，难免有不妥之处，诚盼专家和广大读者不吝指正。

编　者

2023 年 10 月

目 录

CONTENTS

## 第1章

算法概述

1.1 什么是算法

大数据、物联网、计算机等技术的飞速发展,开启了崭新的人工智能时代。随着人工智能技术的应用,社会的生产和人们的生活呈现出高度的信息化和智能化特征。比如,我们打开购物软件想要购买东西时,购物软件会向我们推荐喜欢的物品;自驾到一个陌生地方,车载导航系统会为我们提供经济、省时的路线规划并做准确的导航;疫情期间,防疫软件会依据我们的行为信息自动生成健康码、行程码……这些智能信息和便捷服务已经成为人们生活中不可或缺的部分。而这些功能实现的背后"功臣"是算法,那么究竟什么是算法呢?

1.1.1 算法概念

现在如果让你去"冲一杯速溶咖啡",你会怎么做呢? 通常你会按照下面的方法和步骤去做:①找到杯子;②找到速溶咖啡;③将速溶咖啡倒入杯中;④倒入适量热水;⑤使用工具搅拌。上述①~⑤就是解决"冲一杯速溶咖啡"这个问题的算法。所以,从人们解决问题的过程来看,通常把解决问题的确定方法和有限步骤称为算法。简言之。算法就是解决问题的方法。

然而,现在要讨论的问题最终是需要由计算机解决,而计算机不具备人的思考能力和行动能力,它只能按照规定好的指令的序列去实现对问题的求解,这就要求人们要针对一个特定问题,完成对问题的分析与处理,找到解决问题的方法和具体步骤,并将其转换成计算机能够理解和执行的程序,计算机通过执行这个程序完成针对这个特定问题的求解。因此,程序是计算机的灵魂。没有程序计算机就不能完成人们需要它解决的问题。而计算机程序的灵魂是算法,算法为计算机提供了具体的、可操作的、能实现的方法和步骤。程序就是人们为了让计算机解决某个问题而依据解决该问题的算法使用某种程序设计语言编写的计算机可执行的代码。所以,在计算机领域,算法通常被理解为对特定问题求解步骤的一种描述,是一系列用于解决问题的清晰的有限指令序列。

算法代表着用系统的方法描述解决问题的策略机制，也就是说，能够基于符合一定规范的输入，在有限时间内获得所要求的输出。如果一个算法有缺陷，或不适合于解决某个问题，那么执行这个算法将不会解决这个问题。不同的算法可能用不同的时间、空间或效率来完成同样的任务。为了使计算机能够理解人的意图，就必须将需要解决的问题的思路、方法和手段通过计算机能够理解的形式"告诉"计算机，使计算机能够根据人的指令一步一步去工作，完成某种特定的任务。

要想让计算机为人类服务，帮助人们去解决各种的问题，最重要的就是实现人和计算机之间的交流，而交流的媒介就是算法。通俗地讲，就是针对某个具体问题，把解决这个问题的方法和步骤描述出来，就是算法。程序员依托于该问题的算法描述，使用某种程序设计语言（如 C、Java、Python 等）将其转化为计算机能执行的代码，就是程序。算法更接近于人，程序更接近于计算机。因此，可以将算法理解为将要转化为程序的解决某个特定问题的人类语言。

1.1.2 算法特性

通俗地讲，算法是解决问题的方法。现实生活中关于算法的实例不胜枚举，如一道菜的菜谱、一个安装转椅的操作指南等，再如四则运算法则、算盘的计算口诀等。严格地说，算法是对特定问题求解步骤的一种描述，是指令的有限序列。要想让计算机实现算法，算法就要遵循计算机的要求和约定，因此，算法还必须具备下列 5 个基本特性。

（1）输入（input）：一个算法有零个或多个输入（即算法可以没有输入），这些输入通常取自于某个特定的对象集合。

（2）输出（output）：一个算法有一个或多个输出（即算法必须要有输出），通常输出与输入之间有着某种特定的关系。

（3）有穷性（finiteness）：一个算法必须总是（对任何合法的输入）在执行有穷步之后结束，且每一步都在有穷时间内完成。

（4）确定性（determinism）：算法中的每一条指令都必须有确切的含义，不存在二义性。并且在任何条件下，对于相同的输入只能得到相同的输出。

（5）可行性（feasibility）：算法描述的操作可以通过已经实现的基本操作执行有限次来实现。

解题步骤序列必须同时满足"输入、输出、有穷性、确定性和可行性"5 个特性才能被称为算法；反之，一个算法也必须满足这 5 个特性。算法可以没有输入，但必须保证至少有一个输出，否则算法就失去了它存在的意义。算法是一个指令序列，一方面，每条指令的作用必须是明确、无歧义的；另一方面，算法的每条指令必须是可行的。对于一个计算机算法而言，可行性要求一条算法指令应当能够最终由执行有限条计算机指令来实现。概括地说，算法是由一系列明确定义的基本指令序列所描述的求解特定问题的过程。它能够基于合法的输入，在有限时间内产生所要求的输出。如果取消了有穷性限制，则只能成为计算过程。算法特性示意图如图 1-1 所示。

图 1-1　算法特性示意图

算法是解决问题的方法，一个问题可以有多种解决方法，因此，不同的算法之间就有了优劣之分。一个"好"算法首先要满足算法的 5 个重要特性，此外，还要具备下列特性。

（1）正确性（correctness）：算法能满足具体问题的需求，即对于任何合法的输入，算法都会得出正确的结果。显然，一个算法必须正确才有存在的意义。

（2）健壮性（robustness）：算法对非法输入的抵抗能力，即对于错误的输入，算法应能识别并做出处理，而不是产生错误动作或陷入瘫痪。

（3）可理解性（understandability）：算法容易理解和实现。算法首先是为了人的阅读和交流，其次是为了程序实现，因此，算法要易于被人理解，易于转换为程序。晦涩难懂的算法可能隐藏一些不易发现的逻辑错误。

（4）抽象分级（abstract hierarchy）：算法是由人来阅读、理解、使用和修改的，研究发现，对大多数人来说，人的认识限度是 7±2（米勒原则：人类的短期记忆能力一般限于一次记忆 5～9 个对象，例如，计算机软件的顶层菜单一般不超过 9 个）。如果算法的操作步骤太多，就会增加算法的理解难度，因此，必须用抽象分级来组织算法表达的思想。换言之，如果算法的求解步骤太多，那么可以将某些求解步骤抽象为一个较抽象的处理，而不用描述相应的处理细节。

（5）高效性（efficiency）：算法的效率包括时间效率和空间效率，时间效率显示了算法运行需要的时间；空间效率则显示了算法需要多少额外的存储空间。不言而喻，一个"好"算法应该具有较短的执行时间并占用较少的辅助空间。

这 5 个重要特性给出了怎样去评价一个算法和算法描述的目标。后面的章节将从算法设计、算法描述和算法分析等方面对其进行详细的描述。

1.1.3 算法在问题求解中的地位

计算机求解问题的一般过程如图 1-2 所示。从图 1-2 可以看出，算法在计算机实现问题求解的过程中处于核心地位。

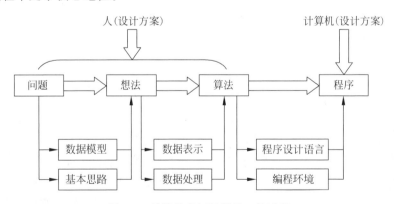

图 1-2 计算机求解问题的一般过程

由于计算机不具备思维能力，不能分析问题和产生问题的解决方案，所以要想让计算机实现问题而求解，就必须由人对问题进行分析并确定问题的解决方法，采用计算机能够理解的指令描述问题的求解步骤，然后让计算机执行程序最终获得问题的解。如图 1-2 所示，由问题到想法需要分析问题，抽象出具体的数据模型，形成问题求解的基本思路；由想法到算法需要完成数据表示（将数据模型存储到计算机的内存中）和数据处理（将问题求解的基本思路形成算法）；由算法到程序需要在某个编程环境中将算法的操作步骤转换为某种程序设计语言对应的语句。算法用来描述问题的解决方案，是形式化的、机械化的操作步骤。利用计算机解决问题的最重要一步是将人的想法描述成算法，也就是从计算机的角度设想计算机是如何一步一步完成这个任务的，告诉计算机需要做哪些事，按什么步骤去做。一般来说，对不同解决方案的抽象描述产生了相应的不同算法，不同的算法将设计出相应的不同程序，这些程序的解题思路不同，复杂程度不同，解题效率也不相同。那么，该如何设计一个算法呢？

1.2　如何设计一个算法

　　算法是问题的解决方案，这个解决方案本身并不是问题的答案，而是能获得答案的指令序列。不言而喻，由于实际问题千奇百怪，问题求解的方法更是千变万化，所以，算法的设计过程是一个充满智慧的灵活过程，它要求设计人员根据实际情况具体问题具体分析。在设计算法时，其一般过程如图 1-3 所示。

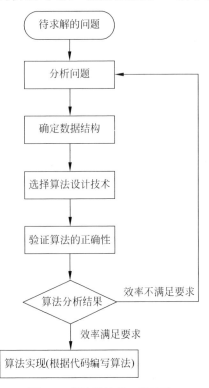

图 1-3　算法设计的一般过程

　　在进行算法设计与分析时，设计者在对待求解的问题进行充分的理解和分析的基础上，基于所掌握的算法设计的基础知识，结合问题的需求，确定数据结构使用合适的算法设计技术，进行算法设计，给出算法描述，验证算法的正确性并对算法进行效率分析，如果所设计的算法在确保正确的情况下，其效率不能满足要求，则应对待求解问题进行再一次的问题分析与算法设计，直至其效率达到满意，再依据算法描述进行代码的编写，完成算法到计算机可执行程序的转化。接下来对算法设计一般过程的每一步进行详细的介绍与描述。

1. 分析问题

　　在进行算法设计之前，需要对待求解的问题进行全面深入的理解和分析，首先对待求解问题的描述进行仔细的阅读，消除问题描述中的疑惑点；然后明确给出的已知信息是什么，显示条件是什么，是否存在隐含条件及其具体内容，待求解问题的目标是什么，可以用什么样的形式来组织数据并表达计算结果。准确地理解算法的输入是什么，明确要求算法做的是什么，即明确算法的入口和出口，这是设计算法的切入点，也是

关键点。在分析问题的过程中，还要重点考虑算法输入的边界情况和特例，它将决定算法的正确性和健壮性。因为一个正确的、健壮的算法不仅能够正确地处理大多数的输入情况，还要求对特例情况、边界情况和错误情况等做出正确的处理。如果没有全面、准确和认真地分析问题，结果往往是事倍功半，造成不必要的反复，甚至留下严重隐患。

2. 确定数据结构

在结构化程序设计的先驱 Niklaus Wirth 所著的《算法＋数据结构＝程序》一书中指出了在程序设计中算法与数据结构的相互关系及其重要性。数据结构就是待求解问题所涉及的数据的组织形式,包括数据的逻辑结构和物理结构。数据在人们对待求解问题分析时所表示的结构是逻辑结构,而最终数据及数据之间的这种逻辑结构以某种形式存储到计算机的存储设备上,就是数据的物理结构。在确定了数据的物理结构之后,才能进入下一步的算法设计。数据结构直接影响着算法的设计及其性能。因此,数据结构在算法的设计与分析中扮演着重要的角色,如果最终算法的效率和性能不能达到要求,则会考虑对数据组织方式的重新设计。第 2 章将对数据结构的内容进行详细的介绍。

3. 选择算法设计技术

算法设计技术(algorithm design technique)也称算法设计策略,是设计算法的一般性方法,可用于解决不同计算领域的多种问题。这是本书要重点解答的问题,也希望通过本书的描述能够在读者进行算法设计时有一些启发。目前,主要从两个角度对算法设计技术进行描述:一是基于问题展开对算法设计技术的描述,通常会将待求解的问题归结成排序问题、查找问题、字符串匹配问题、图问题、组合问题、概率问题、动态规划问题等类别,从问题出发,针对不同类别的问题,设计不同的算法,并可做相关的对比分析,这样有利于针对问题所处于的环境做出更适合的算法选择。二是基于问题的解决方法进行算法设计技术的描述,通常将待求解问题的解法归结为蛮力法、分治法、减治法、动态规划法、贪心法、回溯法、分支限界法、近似算法、概率算法等,这样有利于对方法本身的深入理解,有助于对方法的改进和性能的提升。本书将采用第一种方式围绕问题展开对算法设计技术的讨论和描述。

4. 验证算法的正确性

一旦算法描述完成,必须进行算法正确性的验证,即验证符合要求的合法输入都能得到正确的结果,对于不合法的输入都能进行合理的处理。对于规模较小的问题,可尝试使用手工运行算法的方式进行正确性验证。考虑正确输入、边界值及特例的情况。手工运行算法还能实现对算法逻辑错误的检测。算法逻辑错误很难由计算机检测出来,因为计算机只会执行程序,不会理解动机。经验和研究结果都表明,发现算法(或程序)中的逻辑错误的重要方法就是手工运行算法,即跟踪算法。跟踪者要像计算机一样,用一个具体的输入实例手工执行算法,并且这个输入实例要最大可能地暴露算法中的错误。如果问题规模较大,则要采用算法的测试技术进行验证。

5. 算法分析

算法分析包括算法的特性分析与算法的效率分析。算法的特性分析主要指算法是否满足算法的 5 个重要特性和一个"好"的算法的 5 个特性。算法的效率分析主要体现在两个方面:时间效率和空间效率,时间效率显示了算法运行得有多快,空间效率则显示了算法需要多少额外的存储空间,相比而言,我们更关注算法的时间效率。事实上,计算机的所有应用问题,包括计算机自身的发展,都是围绕着"时间-速度"这样一个中心进行的。一般来说,一个好的算法首先应该是比同类算法的时间效率高,算法的时间效率用时间复杂度来度量。算法的空间效率用空间复杂度来度量。算法效率是算法的重要评价标准,后面章节将对算法的效率分析进行详细的介绍。

6. 算法实现

计算机可执行的程序代码是算法的最终归宿。算法一旦设计完成就需要采用某种程序设计语言编写程序，并在计算机上执行程序进行验证。在把算法转变为程序的过程中，要遵守程序设计语言的规则和约定，要对程序的正确性进行验证，包括对算法实现的正确性和所编写程序本身正确性的验证。同时可实现对程序代码的优化处理。虽然现代编译器提供了代码优化功能，但仍需要一些技巧，例如，在循环之外计算循环中的不变式、合并公共子表达式、用开销低的操作代替开销高的操作等。一般来说，这样的优化对算法速度的影响是一个常数因子，可能会使程序运行速度提高 $10\%\sim50\%$。

需要强调的是，一个好算法是反复努力和修正的结果，即使得到了一个看似完美的算法，也应该尝试着改进它，换言之，需要不断重复上述问题求解的一般过程，直到算法满足预定的目标要求。

1.3 怎样描述一个算法

算法描述的目的一是将解决问题的思路、方法和步骤表示出来，让设计算法和实现算法的人能够读懂和理解，也就是说，算法描述从人的角度要做到简洁易懂；从计算机的角度要做到易于利用程序设计语言实现算法。常用的描述算法的方法有自然语言描述法、流程图描述法、N-S图描述法、伪代码描述法和程序设计语言描述法。

1.3.1 自然语言描述法

自然语言描述法即使用人们日常生活中的语言对算法进行描述，使用自然语言描述算法的优点是通俗易懂，但描述复杂的算法时容易出现表达不清或歧义。

【例 1-1】 求 $1\times2\times3\times4\times5$ 的值。

为了计算上述运算结果，最普通的做法是按照如下步骤进行计算。

第 1 步：先计算 1 乘以 2，得到结果 2。

第 2 步：将步骤 1 得到的乘积 2 乘以 3，计算得到结果 6。

第 3 步：将 6 再乘以 4，计算得 24。

第 4 步：将 24 再乘以 5，计算得 120。

最终计算结果是 120，上述第 1 步到第 4 步的计算过程就是一个算法，这就是一个用自然语言描述的算法。

【例 1-2】 求 $n!$ 的值。

这个问题用自然语言怎么描述呢？是按照例 1-1 的描述方式继续写下去吗？显然不行，则可以按照如下的步骤进行计算。

步骤 1：确定 n 的值。

步骤 2：定义 $t=1, i=2$。

步骤 3：把 $t\times i$ 的计算结果仍然放在变量 t 中，可表示为 $t\times i \rightarrow t$。

步骤 4：把 i 的值加 1，即 $i+1 \rightarrow i$。

步骤 5：如果 $i\leqslant n$，则返回重新执行步骤 3～步骤 5；否则，算法结束。

使用自然语言描述算法容易掌握，算法易于理解。但当算法中出现多个分支或者循环操作时,就很难表述清楚。同时,由于自然语言本身的特点,适用自然语言进行算法描述还容易产生二义性。为了解决使用自然语言进行算法描述存在的这些问题,可采用流程图的方法描述算法。

1.3.2　流程图描述法

流程图是描述算法最常用的一种方法,通过几何框图、流向线和文字说明等流程图符号表示算法。流程图的基本符号及其含义如表 1-1 所示。

表 1-1　流程图的基本符号及其含义

基 本 符 号	名　　称	含　　义
⬭	起止框	程序的开始或结束
▭	处理框	数据的各种处理和运算操作
▱	输入/输出框	数据的输入和输出
◇	判断框	根据条件的不同,选择不同的操作
○	连接点	转向流程图的他处或从他处转入
↓ →	流向线	程序的执行方向

在日常流程的设计应用中,通常使用如下 3 种流程图结构。

(1) 顺序结构。顺序结构如图 1-4(a)所示,其中 A 和 B 是顺序执行的,即在执行完 A 以后再执行 B 的操作。顺序结构是一种基本结构。

(2) 选择结构。选择结构也称为分支结构,此结构中必含一个判断框,根据给定的条件是否成立来选择是执行 A 还是 B。无论条件是否成立,只能执行 A 或 B 之一,也就是说,A、B 只有一个也必须有一个被执行,其流程图如图 1-4(b)所示。

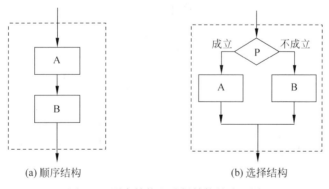

(a)顺序结构　　　　　　　(b)选择结构

图 1-4　顺序结构和选择结构的流程图

(3) 循环结构。循环结构分为两种:一种是当型循环,另一种是直到型循环。当型循环先判断条件 P 是否成立,成立才执行 A 操作,条件不满足时则跳出循环,如图 1-5(a)所示;而直到型循环先执行 A 操作,再判断条件 P 是否成立,不成立再执行 A 操作,条件成立时跳出循环,如图 1-5(b)所示。

例 1-2 中求 $n!$ 值的算法流程如图 1-6 所示。

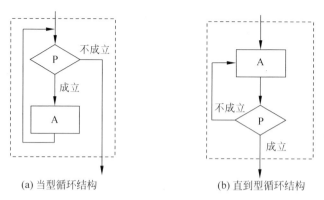

(a) 当型循环结构　　　　　　(b) 直到型循环结构

图 1-5　循环结构的流程图

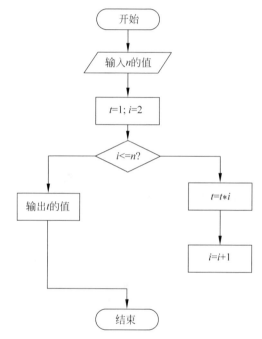

图 1-6　用流程图描述求 $n!$ 的算法

流程图描述算法具有符号规范、画法简单、结构清晰、逻辑性强、便于描述、容易理解等特点，曾被广泛应用。流程图中的流程线指出了流程的控制方向，即算法中操作步骤的执行次序，如果流程线使用不当将算法执行的混乱。同时在描述大型复杂算法时，流程图的流向线较多，也会影响对算法的阅读和理解。为了解决流程图描述算法存在的这些问题，可采用 N-S 图的方法描述算法。

1.3.3　N-S 图描述法

在 1973 年，美国学 I. Nassi 和 B. Sneiderman 提出了 N-S 图的概念，通过它可以表示计算机的算法，N-S 图由一些具有特定意义的图形和简要的文字说明构成，能够比较清晰明确地表示程序的运行过程。N-S 图可以把整个程序写在一个大框图内，这个大框图由若干个小的基本框图构成。

N-S 图使用矩形框来表达 3 种基本结构,如图 1-7 所示,全部算法都写在一个矩形框中。

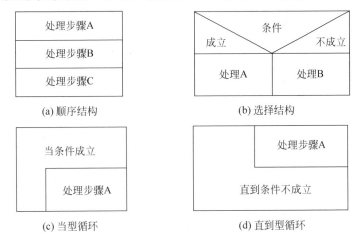

(a) 顺序结构　　　　　　　　(b) 选择结构

(c) 当型循环　　　　　　　　(d) 直到型循环

图 1-7　3 种基本结构的 N-S 图描述

用 N-S 图表示例 1-2 中求 $n!$ 的值的算法描述如图 1-8 所示。

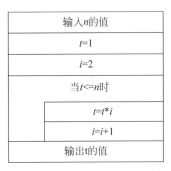

图 1-8　用 N-S 图描述求 $n!$ 的算法

N-S 图删除了带箭头的流程线,避免了流程无规律地随意转移。具有简单、形象、直观、易学易用等特点,但在描述大型复杂算法时,对 N-S 图进行绘制和修改比较麻烦,从而在一定程度上限制了其应用。

流程图和 N-S 图主要是通过对程序设计中的顺序结构、选择结构和循环结构进行图形化表示,将其进行组合从而完成对算法的图形化描述,其结构特点鲜明、易于理解,更适合采用结构化程序设计语言完成对算法的实现。

1.3.4　伪代码描述法

伪代码是介于程序代码和自然语言之间的一种算法描述方法。它主要采用自然语言、数学公式和符号来描述算法的操作步骤,同时采用计算机程序设计语言(如 C、Java、C++、Python 等)的控制结构描述算法的执行顺序。这样描述的算法书写方便,格式紧凑、自由,也比较好理解(尤其是在表达选择结构和循环结构时),同时也更利于算法的编程实现(转化为程序)。图 1-9 给出了 3 种基本结构的伪代码描述,其中图 1-9(b)和图 1-9(c)中的 if、else 和 do、while 等就是计算机程序设计语言中的关键字。

例 1-2 中求 $n!$ 的值的伪代码描述算法如下。

```
步骤 1:Begin(算法开始)
步骤 2:输入 n 的值;
步骤 3:1→t,2→i
步骤 4:while i <=n 时
步骤 5:     { t * i→t;
步骤 6:          i+1→i;}
步骤 7:输出 t 的值;
步骤 8:End(算法结束)
```

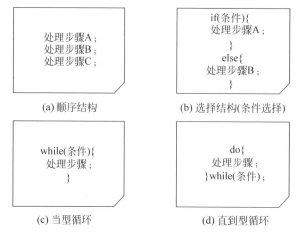

图 1-9   4 种基本结构的伪代码描述

伪代码是非正式、透明的描述算法的方法，它既不是自然语言，也不是计算机程序设计语言，但其更接近于计算机程序设计语言，更易于向计算机程序设计语言转化。本书主要采用以 Python 语言为主的伪代码描述方法，但在类型说明、具体实现等方面会结合自然语言等其他说明方法，以便于算法向程序的转化。

1.3.5　程序设计语言描述法

算法最终都要通过程序设计语言描述出来（编程实现），并在计算机上执行。程序设计语言也是算法的最终描述形式。无论用何种方法描述算法，都是为了将其更方便地转化为计算机程序。例如例 1-2 中求 $n!$ 的值，如果用 Python 语言编程解决这个问题，则可以通过如下代码实现。

```python
n = int(input("请输入 n 的值:"))
t = 1
i = 2
while i <= n:
    t = t * i
    i += 1
print(t)
```

上述代码是根据之前的语言描述算法编写的，因为是用 Python 语言编写的，所以需要严格遵循 Python 语言的语法，例如严格的程序缩进规则。例 1-2 中求 $n!$ 的值的问题同样采用 Python 语言编程实现，也可以用如下代码实现。

```python
n = int(input("请输入 n 的值:"))
t = 1
for i in range(1, n + 1):
    t = t * i
print(t)
```

本节主要介绍了几种描述算法的方法，对同一个待求解问题可以设计出不同的算法，可以使用不同的算法描述方法对算法进行描述，最终目的就是将算法转化成计算机可执行的程序，程序设计语言描述法就是对算法的编程实现。不同程序设计语言对同一算法的实现性能是不同的，同一程序设计语言对同一算法的实现也存在多种形式，那么怎样去评价一个算法呢？

1.4 怎样评价一个算法

对于同一个待求解问题,通过深入地分析和处理,可以产生不同的算法。同一算法可以采用不同的计算机程序设计语言进行编程实现,最后完成对待求解问题的求解。那么,该怎样去评价一个算法的好坏或优劣呢?

1.4.1 算法复杂度分析与评价概述

首先,一个算法必须具备 5 个基本特性(输入、输出、有穷性、确定性和可行性);其次,一个"好"的算法还要具备 5 个重要特性(正确性、健壮性、可理解性、抽象分级和高效性)。在评价一个算法时,可以分为广义评价和狭义评价。广义评价是指对算法所具备的全部特性进行分析与评价。狭义评价是指对算法的复杂度即算法效率进行的分析与评价,主要指对算法的时间效率和空间效率进行分析与评价。由于算法最终是由计算机去实现的,所以在评价算法时重点分析算法的实现对计算机资源的消耗程度,即重点分析算法的时间复杂度和空间复杂度。

算法复杂度的高低体现在运行该算法所需要的计算机资源的多少上,所需要的资源越多,该算法的复杂度越高;反之所需要的资源越少,该算法的复杂度越低。计算机最重要的是时间和空间(即存储器)资源。因此,算法的复杂度有时间复杂度和空间复杂度之分。不言而喻,对于任意给定的问题,设计出复杂度尽可能低的算法,是在设计算法时追求的重要目标。另一方面,当给定的问题已有多种算法时,选择其中复杂度最低者,是选用算法时遵循的重要准则。因此,算法的复杂度分析对算法的设计或选用有重要的指导意义和实用价值。更确切地说,算法的复杂度是算法运行所需要的计算机资源的量,需要时间资源的量称为时间复杂度,需要的空间资源的量称为空间复杂度。这个量应该集中反映算法的效率,而从运行该算法的实际计算机中抽象出来。为什么在分析算法复杂度时要把算法从实际计算机中抽象出来呢?因为计算机性能不同,其执行算法的效率存在差异,例如同一算法在配置高的计算机上执行效率就比配置低的计算机执行效率高,即使是同一台计算机在不同时刻执行同一算法时,其执行效率也可能存在差异,所以在进行算法复杂度分析时要基于相同计算环境的前提,即从实际计算机中抽象出来。也就是说,算法的复杂度应该只依赖于算法要解的问题的规模、算法的输入和算法本身,而与实现算法的计算机无关。因此在进行算法复杂度分析时主要考虑 3 个要素:待解决问题的规模、算法的输入和算法本身。

(1) 待解决问题的规模:算法的复杂度与解决问题的规模是密切相关的。怎样理解算法的规模呢?例如,在例 1-2 中,n 就代表这个待求解问题的规模,很显然,求 5! 和50000000! 时算法的时间效率和空间效率是不同的。一般情况下,随着问题规模 n 的增加,算法的运行时间常常会增加,其算法的时间效率和空间效率会随着 n 的变化而变化。

(2) 算法的输入:算法的输入是如何影响算法的复杂度的呢?首先看一个顺序查找的例子。

【例 1-3】 已知一个序列 A[1,3,5,7,9,2,4,6,8,10,11,22,33],对于给定的任意输入 b,判定其是否属于该序列。这是一个简单的查找问题,其算法描述可表示如下。

```
A = [1,3,5,7,9,2,4,6,8,10,11,22,33]
```

```
b = int(input("请输入 b 的值:"))
flag = False
i = 0
while i < len(A) and not flag:
    if A[i] == b:
        flag = True
    else:
        i = i + 1
if flag:
    print(b,"在序列 A 中!")
else:
    print(b,"不在序列 A 中!")
```

在这个算法中,当输入的 b 值为 1 时,算法比较 1 次就完成查找;当输入的 b 值为 33 时,则算法要比较 len(A)次。可以看出,该算法的效率与算法的输入值是密切相关的。当输入的 b 值为 1 时,该算法表现了算法的最优效率;而当输入的 b 值为 33 时,算法表现了算法的最差效率。这两个效率表现了算法在最好和最坏的情况下算法的运行情况,代表着算法运行情况的上下限。但在实际的过程中,我们通常更关注算法在一般或随机情况下的运行效率,用算法的平均效率表示。因此,在对算法的复杂度进行分析时,通常会从 3 个维度去评价一个算法的优劣,即算法的最优效率、算法的最差效率和算法的平均效率。

（3）算法本身:是算法复杂度分析的依据和评价对象。在例 1-2 的算法实现中,主要的分析依据是"t=t * i"的执行次数;在例 1-3 的算法实现中,主要的分析依据是"A[i]==b"的执行次数。

1.4.2　算法复杂度分析与评价的形式化表示

该怎样把算法的复杂度表示出来呢? 如前所述,算法的复杂度是不依赖具体计算机时算法运行所需要的计算机资源的量,而这个量又与要解的问题的规模、算法的输入和算法本身密切相关。所以,算法的复杂度 C 可以表示为问题的规模、算法的输入和算法本身的一个函数:

$$C = F(N, I, A) \tag{1-1}$$

$F(N, I, A)$ 是由 N、I 和 A 确定的三元函数,其中 N、I 和 A 分别表示算法要解的问题的规模、算法的输入和算法本身,C 表示算法的复杂度。基于此,算法的时间复杂度 T 和空间复杂度 S 可分别表示为:

$$T = T(N, I) \tag{1-2}$$

$$S = S(N, I) \tag{1-3}$$

由于算法 A 本身是评价的对象和目标,通常,让 A 隐含在复杂度函数名中,因而将 T 和 S 分别简写为 $T = T(N, I)$ 和 $S = S(N, I)$。

1.4.3　算法的时间复杂度

根据 $T = T(N, I)$ 的概念,算法的时间复杂度应该是算法在一台抽象的计算机上运行所需要的时间,即算法中所有操作的运行时间之和,而每一步操作都可以分解为若干条机器指令的集合。不妨设此抽象的计算机所提供的元运算有 k 种,它们分别记为 $O_1, O_2, \cdots, O_k$。又设每执行一次这些元运算所需要的时间分别为 $t_1, t_2, \cdots, t_k$。对于给定的算法 A,

设经统计用到元运算 O_i 的次数为 e_i，$i=1,2,\cdots,k$。很清楚，对于每一个 i，$1\leqslant i\leqslant k$，e_i 是 N 和 I 的函数，即 $e_i=e_i(N,I)$。因此 $T(N,I)=\sum\limits_{i=1}^{k}t_ie_i(N,I)$。其中，$t_i(i=1,2,\cdots,k)$ 是与 N 和 I 无关的数。显然，不可能对规模 N 的每一种合法的输入 I 都去统计 $e_i(N,I)$，$i=1,2,\cdots,k$。只考虑 3 种情况下的时间复杂度，即最坏情况、最好情况和平均情况下的时间复杂度，并分别记为 $T_{\max}(N)$、$T_{\min}(N)$ 和 $T_{\mathrm{avg}}(N)$：

$$T_{\max}(N)=\max_{I\in D_N}\sum_{i=1}^{k}t_ie_i(N,I)=\sum_{i=1}^{k}t_ie_i(N,I^*)=T(N,I^*) \tag{1-4}$$

$$T_{\min}(N)=\min_{I\in D_N}\sum_{i=1}^{k}t_ie_i(N,I)=\sum_{i=1}^{k}t_ie_i(N,\widetilde{I})=T(N,\widetilde{I}) \tag{1-5}$$

$$T_{\mathrm{avg}}(N)=\sum_{I\in D_N}P(I)T(N,I)=\sum_{I\in D_N}P(I)\sum_{i=1}^{k}t_ie_i(N,I) \tag{1-6}$$

其中，D_N 是规模为 N 的合法输入的集合；I^* 是 D_N 中使 $T(N,I^*)$ 达到 $T_{\max}(N)$ 的合法输入；$\widetilde{I}$ 是 D_N 中 $T(N,I)$ 达到 $T_{\min}(N)$ 的合法输入；$P(I)$ 是在算法的应用中出现输入 I 的概率。以上 3 种情况下的时间复杂度各有各的用处，也都有相应的局限性，实践表明，可操作性最好的且最有实际价值的是最坏情况下的时间复杂度。

随着计算机解决的问题越来越复杂，规模越来越大，对求解这类问题的算法进行复杂度分析具有重要意义，为此需要引入复杂度的渐近性的概念。设 $T(N)$ 是前面所定义的关于计算机算法 A 的复杂度函数，当 N 单调增加且趋于 ∞ 时，$T(N)$ 也将单调增加趋于 ∞。对于 $T(N)$，如果存在 $\widetilde{T}(N)$ 使得当 $N\to\infty$ 时有 $(T(N)-\widetilde{T}(N))/T(N)\to 0$，那么 $\widetilde{T}(N)$ 是 $T(N)$ 当 $N\to\infty$ 时的渐近性。从直观上说，$\widetilde{T}(N)$ 是 $T(N)$ 中略去低阶项所留下的主项，所以它比 $T(N)$ 简单。由于当 $N\to\infty$ 时 $T(N)$ 渐近于 $\widetilde{T}(N)$，所以可以用 $\widetilde{T}(N)$ 代替 $T(N)$ 作为算法 A 在 $N\to\infty$ 时的复杂度的度量。

分析算法的复杂度的目的在于比较求解同一问题的两个不同算法的效率，当两个算法的渐近复杂度的阶不同时，只要能确定出它们各自的阶，就可以判定哪一个算法的效率高。换句话说，这时的渐近复杂度分析只要关心 $T(N)$ 的阶就够了，不必关心包含在 $\widetilde{T}(N)$ 中的常数因子。所以，常常又对 $\widetilde{T}(N)$ 的分析进一步简化，即假设算法中用到的所有不同的元运算各执行一次所需要的时间都是一个单位时间。

前面给出了简化算法复杂度分析的方法和步骤，即只要考查当问题的规模充分大时，算法复杂度在渐近意义下的阶。与此简化的复杂度分析相匹配，引入以下渐近意义下的记号：O、θ、Ω 和 o。

O 的定义：设 $f(N)$ 和 $g(N)$ 是定义在正数集上的正函数。如果存在正常数 C 和自然数 N_0 使得当 $N\geqslant N_0$ 时有 $f(N)\leqslant Cg(N)$，则称函数 $f(N)$ 当 N 充分大时上有界，且 $g(N)$ 是它的一个上界，记为 $f(N)=O(g(N))$。这时 $f(N)$ 的阶不高于 $g(N)$ 的阶。例如：

(1) 因为对所有的 $N\geqslant 1$ 有 $3N\leqslant 4N$，所以有 $3N=O(N)$；

(2) 因为当 $N\geqslant 1$ 时有 $N+1024\leqslant 1025N$，所以有 $N+1024=O(N)$；

（3）因为当 $N \geqslant 10$ 时有 $2N^2 + 11N - 10 \leqslant 3N^2$，所以有 $2N^2 + 11N - 10 = O(N^2)$；

（4）因为对所有 $N \geqslant 1$ 有 $N^2 \leqslant N^3$，所以 $N^2 = O(N^3)$；

（5）给出一个反例 $N^3 \neq O(N^2)$。因为若不然，则存在正的常数 C 和自然数 N_0，使得当 $N \geqslant N_0$ 时有 $N^3 \leqslant CN^2$，即 $N \leqslant C$。显然当 $N = \max\{N_0, \lfloor C \rfloor + 1\}$ 时这个不等式不成立，所以 $N^3 \neq O(N^2)$。

按照符号 O 的定义，有如下运算规则：

（1）$O(f) + O(g) = O(\max(f, g))$；

（2）$O(f) + O(g) = O(f + g)$；

（3）$O(f) \cdot O(g) = O(f \cdot g)$；

（4）如果 $g(N) = O(f(N))$，则 $O(f) + O(g) = O(f)$；

（5）$O(Cf(N)) = O(f(N))$，其中 C 是一个正常数；

（6）$f = O(f)$。

根据符号 O 的定义，用它评估算法的复杂度，得到的只是当规模充分大时的一个上界。这个上界的阶越低则评估就越精确，结果就越有价值。本书主要采用 O 作本书中涉及的算法复杂度表示。

其他渐近意义下的复杂度的表示如下。

（1）Ω 的定义：如果存在正的常数 C 和自然数 N_0，使得当 $N \geqslant N_0$ 时有 $f(N) \geqslant Cg(N)$，则称函数 $f(N)$ 当 N 充分大时下有界，且 $g(N)$ 是它的一个下界，记为 $f(N) = \Omega(g(N))$。即 $f(N)$ 的阶不低于 $g(N)$ 的阶。

（2）θ 的定义：定义 $f(N) = \theta(g(N))$ 当且仅当 $f(N) = O(g(N))$ 且 $f(N) = \Omega(g(N))$。此时 $f(N)$ 和 $g(N)$ 同阶。

（3）o 的定义：对于任意给定的 $\varepsilon > 0$，都存在正整数 N_0，使得当 $N \geqslant N_0$ 时有 $f(N)/Cg(N) \leqslant \varepsilon$，则称函数 $f(N)$ 当 N 充分大时的阶比 $g(N)$ 低，记为 $f(N) = o(g(N))$。例如，$4N\log N + 7 = o(3N^2 + 4N\log N + 7)$。

O 符号表示法并不是用来真实代表算法的执行时间的，它是用来表示代码执行时间的增长变化趋势的。常见的时间复杂度量级有常数阶 $O(1)$、对数阶 $O(\log N)$、线性阶 $O(n)$、线性对数阶 $O(n\log N)$、平方阶 $O(n^2)$、立方阶 $O(n^3)$、k 次方阶 $O(n^k)$、指数阶 $O(2^n)$，上面的时间复杂度依次增加，执行的效率越来越低。下面通过例题理解一下较为常用的算法时间复杂度量级。

【例 1-4】 求任意两个整数的和并输出，计算其时间复杂度。

```
i = int(input("请输入 n 的值:"))
j = int(input("请输入 n 的值:"))
i += 1
j += 1
sum = i + j
print(sum)
```

上述代码在执行时，它消耗的时间并不随着某个变量的增长而增长，那么无论这类代码有多长，即使有几万几十万行，都可以用 $O(1)$ 来表示它的时间复杂度。

【例 1-5】 求 $1 \sim n$ 的和并输出，计算其时间复杂度。

```
n = int(input("请输入 n 的值:"))
```

```
sum = 0
for i in range(n + 1):
    sum = sum + i
print(sum)
```

在这段代码中,for 循环里面的代码会执行 n 遍,因此它消耗的时间是随着 n 的变化而变化的,因此这类代码都可以用 $O(n)$ 表示它的时间复杂度。

【例 1-6】 求 $\sum_{i=1}^{n} 2^{i}$ 并输出,计算其时间复杂度。

```
n = int(input("请输入 n 的值:"))
s = 0
i = 2
while i < n:
    s = s + i
    i = i * 2
print(s)
```

从上面的代码可以看到,在 while 循环中,每次都将 i 乘以 2,乘完之后,i 距离 n 就越来越近了。试着求解一下,假设循环 x 次之后,i 就大于 n 了,此时这个循环就退出了,也就是说,2 的 x 次方等于 n,那么 $x = \log(2^n)$。也就是说,当循环 $\log(2^n)$ 次以后,这个代码就结束了。因此这个代码的时间复杂度为 $O(\log n)$。

【例 1-7】 线性对数阶的复杂度 $O(m \log n)$ 示例。

```
n = int(input("请输入 n 的值:"))
m = int(input("请输入 m 的值:"))
sm = 0
for j in range(m + 1):
    i = j + 1
    sn = 0
    while i < n:
        sn = sn + i
        i = i * 2
        print("sn = ", sn)
    sm = sm + sn
print("sm = ", sm)
```

这段代码就是嵌套 2 层循环,外层循环从 $0 \sim m$ 执行了 m 次,当外层循环每执行 1 次,内层循环执行 $\log(2^n)$ 次。因此这个代码执行总次数为 $m \log(2^n)$ 次,从而时间复杂度为 $O(m \log n)$。

【例 1-8】 平方阶的复杂度 $O(n^2)$ 示例。

```
for i in range(n):
    for j in range(n):
        print(j,' * ',i,' = ',i * j,';',end = '')
    print('\n')
```

这段代码其实就是嵌套了 2 层 n 循环,它的时间复杂度就是 $O(n * n)$,即 $O(n^2)$。如果将其中一层循环的 n 改成 m,即:

```
for i in range(m):
    for j in range(n):
        print(j,' * ',i,' = ',i * j,';',end = '')
```

```
print('\n')
```

则时间复杂度就变成了 $O(mn)$，立方阶 $O(n^3)$、k 次方阶 $O(n^k)$ 参考上面的 $O(n^2)$ 去理解即可，$O(n^3)$ 相当于三层 n 循环，以此类推。

1.4.4 算法的空间复杂度

算法使用的空间定义：为了求解问题的实例而执行的计算步骤所需要的内存空间，它不包括分配的用于存储输入的空间。换句话说，仅仅是算法需要的工作空间。不包括输入的原因基本上是为了区分在计算过程中占用了"少于"线性空间的算法。所有关于时间复杂度增长的阶的定义和渐近界的讨论都可移植到空间复杂度的讨论中来。显然，算法的空间复杂度不可能超过运行时间的复杂度，因为写入每一个内存单元都至少需要一定的时间。这样，如果用 $T(N)$ 和 $S(N)$ 分别代表算法的时间复杂度和空间复杂度，则有 $S(N)=O(T(N))$。空间复杂度是对一个算法在运行过程中临时占用存储空间大小的一个量度，同样反映的是一个趋势，空间复杂度比较常用的有 $O(1)$、$O(n)$、$O(n^2)$。

（1）空间复杂度 $O(1)$。如果算法执行所需要的临时空间不随着某个变量 n 的大小而变化，即此算法空间复杂度为一个常量，则可表示为 $O(1)$，举例：

```
i = 1;
j = 2;
++i;
j++;
m = i + j;
```

代码中的 i、j、m 所分配的空间都不会随着处理数据量的变化而变化，因此它的空间复杂度 $S(n)=O(1)$。

（2）空间复杂度 $O(n)$。先看一段代码：

```
m = [n]
for i in range(n):
j = i
j += 1
```

在这段代码中，第 1 行提供了一个新的数组，占用的大小为 n。代码的 2～4 行虽然有循环，但没有再分配新的空间，因此，这段代码的空间复杂度主要看第 1 行即可，即 $S(n)=O(n)$。

1.5 常用算法设计模式

算法设计与分析是计算机科学与技术中的重要研究领域，经过长期的研究，人们对算法的设计与分析积累了丰富的经验，总结了一些常用的算法设计的思路与模式，为具体待求解问题设计新的算法时提供重要的参考和启发。这些常用的算法设计思路与模式通常称为算法设计模式。本书主要基于待求解问题的类别进行算法设计与分析的描述，离不开这些常用的算法设计模式的应用，在此对常用的算法设计模式进行简要介绍，以促进读者对后续章节内容的理解。常用的算法设计模式总结如下。

（1）枚举法：也称蛮力法、暴力法和穷举法。这是一种简单直接的设计模式，就是给予具体问题的描述逐一列举出待求解问题的所有可能情况,从中选择出有用信息或问题的解。在计算机具有较高计算性能的情况下,该方法十分有效,适合处理简单的问题,并且其解决问题的逻辑思路简单清晰,易于理解。对于复杂问题或规模大的问题,其效率不高。很多时候可采用基于该方法的优化算法来对待求解问题进行算法设计,以提高算法性能。这种方法可用于解决排序问题、查找问题、组合问题等。

(2) 分治法:就是分而治之,将一个复杂的问题分解成若干个相对简单的子问题,再将若干个子问题分解成更小的子问题,直到最后的子问题可以简单地直接求解,最后通过组合其子问题的解的方式得到原问题的解。递归算法是典型的分治法。依据待求解问题的特点,该方法又衍生了减治法和变治法。减治法主要是利用原问题和分解后子问题之间存在的关系,减少对子问题的处理。变治法先对原问题进行一些处理,可理解为对问题进行"等价变换",使变化之后的问题易于进行处理。减治法和变治法的共同特点是寻找原问题模型和新问题模型之间存在的关系,然后进行处理。分治法解题思路简单,容易理解和掌握,但该算法的空间复杂度通常会高于其他算法。这种方法可用于解决排序、查找、数值运算等问题。

(3) 贪心法:也称为贪婪算法,在求解过程中,对于每一个当前状态总是做出最好的选择。也就是说,它不是从整体上考虑待求解问题的最优解,而是只做出某种意义或某种状态下的局部最优解,通过这样一系列局部最优解的选择最终得到问题的最优解。用贪心算法求解的问题一般具有两个重要性质:贪心选择性质和最优子结构性质。贪心选择性质是指所求解问题的整体最优解能够通过一系列局部最优解得到,即在问题求解过程中的每一步贪心选择最终会导致问题的最优解。最优子结构性质是子问题的最优解包含在待求解问题的最优解中。只要待求解问题具备这两个性质,贪心算法就可以出色地求出问题的整体最优解。即使某些问题用贪心算法不能求得整体的最优解,也能够得到近似的整体最优解。

(4) 动态规划法:通常用于求解具有某种最优性质的问题。在这类待求解问题中,可能会有很多个可行解,动态规划算法就是从很多的可行解中找出最优解的过程。其基本思想是将待求解问题分成若干子问题,先求解子问题,然后从这些子问题的解得到原问题的解。动态规划法与分治法类似但不同。两者同样是把一个待求解问题分解若干子问题,如果各个子问题间是相互独立的,则采用分治法;如果各个子问题间不相互独立,则采用动态规划法。由于各个子问题间不是相互独立的,那么在计算一个子问题解的时候,需要计算与之相关联的另一个子问题的解,如果采用分治法需要对相关联子问题的解进行重复计算。而动态规划算法是将已解决的子问题的解进行保存,从而避免大量的重复计算,进而提升解决问题的效率。其也被称为"带有记忆"的分治法。采用这种方法求解问题时,待求解问题本身需要满足最优子结构性质和子问题重叠性质。子问题重叠性质是指产生的子问题不是新问题,此类子问题需要被重复计算多次。由于动态规划算法所解决的问题具有最优子结构性质和子问题重叠性质,导致该方法设计复杂,对初学者掌握较为困难。

(5) 回溯法:是基于树搜索策略演化的一种算法。一个待求解的复杂问题常常会有很多的可能解,这些可能解就构成了问题的解空间。问题的解空间一般用解空间树来表示。根节点代表问题的初始状态,从根节点到叶子节点的路径就构成了解空间的一个可能解。回溯法就是在问题的解空间树中,按深度优先策略,从根节点出发搜索解空间树。算法搜索到解空间树的任一节点时,判定该节点是否包含问题的解。如果确定不包含,则跳过以该节点为根的子树的搜索，逐层回溯到其祖先节点，进行下一分支的搜索；否则，进入该子树，继续按深度优先策略搜索。回溯法求解问题的一个解时，只要搜索到一个满足约束条件的解，就结束。利用回溯法求解问题的所有解时，要回溯到根，并且根的所有子树都已经被搜索完成才结束。此时，与枚举法相同。回溯法的基本操作是搜索，搜索的方式是深度优先，即先从一条路往前走，能进则进，不能进则退回来换一条路再试。求解目标是找出解空间中满足约束条件的一个解或所有解。

（6）分支限界法：类似于回溯法，也是一种在问题的解空间树上搜索问题解的算法。分支限界法是按照一种类似于广度优先的策略搜索问题的解空间树，从根节点出发，生成其所有的子节点，对每一个子节点根据问题的限界函数估算目标函数的可能取值，从中选择使目标函数取得极大值或极小值的节点（使问题的解最有利的节点）作为新的根节点进行广度优先搜索，使搜索朝着解空间上最优解的分支推进，以便最快地找出满足约束条件的最优解。与回溯法不同，其搜索方式为广度优先，即先选择一条最有希望的路向前走，且每走一步都是沿着更有希望的路向前走。搜索目标也与回溯法不同，其搜索目标是找出满足搜索条件的一个解，这个解是使目标函数取得最大值或最小值的解，即表示为某种意义下的最优解。

需要说明的是，上述的算法设计模式是人们对经验的总结和概括，可以充分借鉴，但不要教条使用。同时，这些算法模式既不相互隔绝也不相互排斥，在很多复杂问题的解决中通常会用到多种算法模式的有机组合，以获得更高效的问题解决算法。这也是本书采用以解决不同类型问题的方式来对算法的设计与分析内容进行描述的主要原因。针对同一类型问题，描述不同的解决方法，进行不同算法适用环境、效率等方面的分析，有助于对待求解问题的方案选择。

1.6　搭建实践环境

本书主要采用 Python 对算法进行描述，为了更好地理解和掌握针对各种不同的算法，本书统一使用 Anaconda 下的 Jupyter Notebook 环境。下面对 Anaconda 进行简单介绍，并对其安装过程和 Jupyter Notebook 的使用进行详细介绍。

1.6.1　Anaconda 介绍

Anaconda 是一个开源的 Python 语言的发行版本，主要用于数据科学、机器学习、深度学习、大数据处理和预测分析等多个方面，致力于简化软件包管理系统和部署。Anaconda 拥有超过 1400 个软件包，其中包含 Conda 和虚拟环境管理，用户可以使用已经包含在 Anaconda 中的命令从仓库中安装开源软件包。Anaconda 有如下特点。

（1）免费开源。Anaconda 是世界上最受欢迎的 Python 发行平台，在全球拥有超过 2500 万用户，其中包含 NumPy、SciPy、Pandas、Matplotlib 等第三方工具包。

（2）提供简单易用的包管理工具。可以通过 conda 和 pip 命令非常简单地对第三方工具包进行安装、更新、卸载，不需要关心第三方工具包的版本问题。

（3）提供虚拟环境管理。通过 Conda 使得管理多个数据环境变得很容易，这些数据环境可以单独维护和运行，互不干扰。

（4）免费的社区支持。

1.6.2　Anaconda 安装

Anaconda 的安装步骤具体如下。

（1）Anaconda 的官网下载地址为 https://www.anaconda.com/products/individual，如图 1-10 所示。

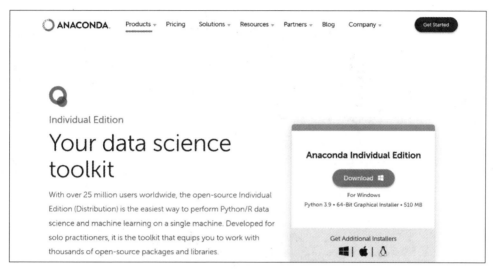

图 1-10　Anaconda 官网

（2）根据操作系统选择合适版本进行下载，如图 1-11 所示。

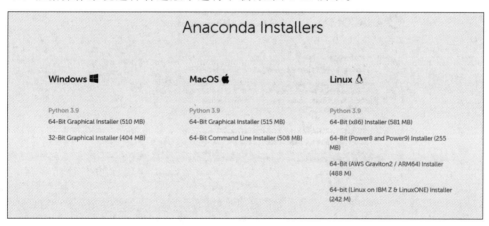

图 1-11　Anaconda 下载

（3）在下载页面中选择"保存"进行下载，如图 1-12 所示。

（4）下载完成后，双击 Anaconda3-2021.11-Windows-x86_64.exe 进行安装，如图 1-13 所示。

（5）单击 Next 按钮，选择安装目录，添加 Anaconda 为系统环境变量，如图 1-14 所示。

（6）单击 Install 按钮进行安装，等待一段时间即可完成安装，如图 1-15 所示。

全部安装结束后，在系统菜单中会新增如下应用。

图 1-12　Anaconda 保存下载

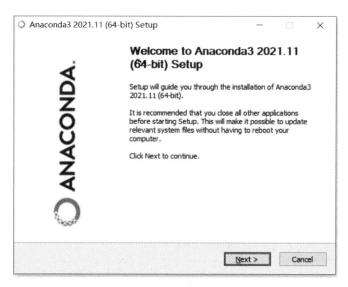

图 1-13　Anaconda 安装

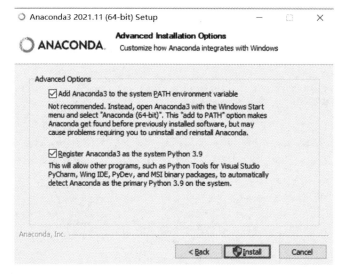

图 1-14　Anaconda 环境变量设置

（1）Anaconda Navigator：用于 Anaconda 启动应用程序并轻松管理 conda 包、环境和通道，而无须使用命令行命令的桌面图形用户界面程序。

（2）Jupyter Notebook：基于 Web 的交互式计算环境，可以编辑便于人们阅读的文档，用于展示数据分析的过程。

（3）Anaconda Prompt：一个 Python 交互式运行环境。

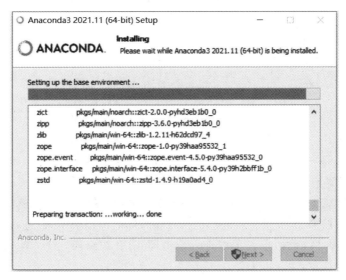

图 1-15　Anaconda 正在安装

（4）Spyder：一个使用 Python 语言、跨平台的、科学运算集成开发环境。

打开 Anaconda Prompt 会出现类似于终端的窗口，输入 conda --version 检测是否安装成功，如图 1-16 所示。

图 1-16　安装验证

1.6.3　Jupyter Notebook 的使用

Jupyter Notebook 是一个免费的、开源的源代码的交互式网络工具，可以使用它来创建和共享包含实时代码、方程式、可视化和文本的文档。通过 Jupyter Notebook 可将软件代码、计算输出、解释性文本和多媒体资源组合在一个单一的文档中以方便使用。

通过系统菜单在 Anaconda 中打开 Jupyter Notebook，如图 1-17 所示。

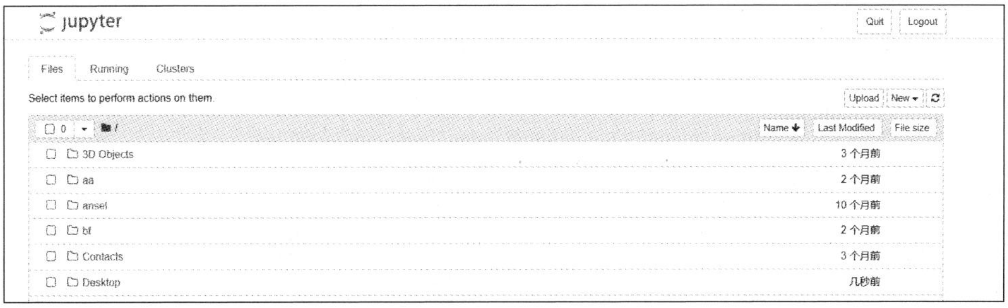

图 1-17　Jupyter Notebook

接下来，新建 Python3 的 Notebook 文档，如图 1-18 所示。

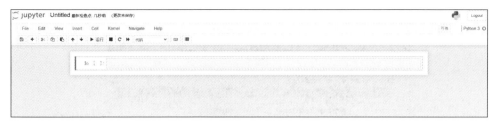

图 1-18　新建 Python3 的 Notebook 文档

在 Python3 的 Notebook 文档中，一对 In、Out 会话被视作一个代码单元，称为 Cell。在 Jupyter 中支持两种模式。

（1）编辑模式（Enter）：在命令模式下回车或单击代码块进入编辑模式。

（2）命令模式（Esc）：按 Esc 键或单击代码块外部退出编辑模式，进入命令模式。

打开 Notebook 文档后，按回车键进入编辑模式，在编辑模式下，单元左侧边框线呈现为绿色，如图 1-19 所示。

图 1-19　编辑模式

在编辑模式下，按 Esc 键退出编辑模式，返回到命令模式下，此时左侧边框线呈现为蓝色。如图 1-20 所示。

图 1-20　命令模式

在 Jupyter 中有 3 种 Cell 类型。

（1）Code：编辑代码，运行后显示代码运行结果。

（2）Markdown：编写 Markdown 文档，运行后输出 Markdown 类型的文档。

（3）Raw NBConvert：普通文本，运行不会输出结果。

在命令模式下，按 M 键进入 Markdown 类型，此时没有 In、Out 提示文字，如图 1-21 所示。

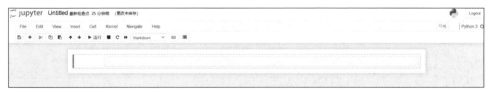

图 1-21　命令模式下的 Markdown 类型

在命令模式下，按 Y 键进入 Code 类型，如图 1-22 所示。

图 1-22 命令模式下的 Code 类型

Jupyter Notebook 中常用的快捷键如表 1-2 所示。

表 1-2 Jupyter Notebook 中常用的快捷键

快 捷 键	功 能	快 捷 键	功 能
Shift+Enter	执行本单元代码,并跳转到下一单元	B	在命令模式下,在当前 Cell 的上面添加 Cell
Ctrl+Enter	执行本单元代码,留在本单元	dd	在命令模式下,删除当前 Cell
Y	在命令模式下,Cell 切换到 Code 类型	Z	在命令模式下,回退
M	在命令模式下,Cell 切换到 Markdown 类型	L	在命令模式下,添加或取消当前 Cell 加上行号
A	在命令模式下,在当前 Cell 的下面添加 Cell	Tab	在编辑模式下,代码补全
Shift+Tab	在编辑模式下,代码提示		

1.7 作业与思考题

1. 简答题

(1) 简述下列概念:算法、算法的基本特征。

(2) 简述算法设计的一般过程。

(3) 简述几种算法的描述方法。

(4) 如何评价一个算法的优劣?什么是时间复杂度?什么是空间复杂度?

2. 程序分析

试分析下面各程序段的时间复杂度。

(1)
```
x = 90; y = 100
while x > y:
    if x > 100:
        x = x − 10
    else: x = x − 1
```

(2)
```
for i in range(n):
    for j in range(m):
        a[i][j] = 0
```

(3)
```
i = 1;
while i <= n:
    i = i * 3
```

第2章

数据结构基础

2.1 线性结构

线性结构是一种最基本、最简单、最常用的数据结构。在实际应用中,线性结构是以线性表、栈、队列、字符串、数组等特殊形式来使用的。线性结构中各个数据元素之间是一对一关系,除第一个和最后一个数据元素外,其他数据元素都是首尾相接的。因为线性结构的逻辑结构简单,便于实现和操作,所以该数据结构在实际中被广泛采用。本节先对线性表进行介绍。

2.1.1 什么是线性表

线性表(linear list)是一种线性结构,是一个含有 $n \geqslant 0$ 个同一类型数据元素的有限序列,一般表示为 $(k_1, k_2, \cdots, k_{i-1}, k_i, k_{i+1}, \cdots, k_n)$。其中 k_1 是第一个元素,又称开始节点;k_n 是最后一个元素,又称终端节点。所有数据元素的个数 n 称为表的长度,当 $n=0$ 时称为空表。表中的数据元素可以是单一类型的数据类型,如整数、实数、字符串等,也可以是由若干数据项组成的结构体。

线性表的特点如下。

(1)同一性:虽然不同线性表的数据元素多种多样,但同一线性表的各数据元素必须具有相同的类型。

(2)有穷性:线性表由有限个数据元素组成,表中元素的个数就是表的长度。

(3)有序性:各数据元素在线性表中的位置只取决于它们的索引。数据元素之间的相对位置是线性的,所以存在唯一的"第一个"和"最后一个"数据元素,除了第一个和最后一个元素外,其他元素的前面有且仅有一个数据元素,称为直接前驱;后面有且仅有一个数据元素,称为直接后继。

2.1.2 怎么存储一个线性表

在实际应用中,线性表有顺序存储结构和链式存储结构。

1. 顺序存储结构

线性表的顺序存储是指用一组地址连续的存储单元,依次存储线性表中的数据元素,从而使得逻辑上相邻的两个元素在物理位置上也相邻。第 1 个元素存储在线性表的起始位置,第 i 个元素的存储位置后面紧接着存储的是第 i+1 个元素。因此,顺序表的特点是表中元素的逻辑顺序与其物理顺序相同。采用顺序存储结构的线性表又称为顺序表。假设线性表 L 存储的起始位置为 $Loc(a_0)$,每个元素占 c 个字节,则 a_i 的存储地址 $Loc(a_i)=Loc(a_0)+i×c$,则表 L 所对应的顺序存储如图 2-1 所示。

序号	顺序表	存储地址
0	a_0	$Loc(a_0)$
1	a_1	$Loc(a_0)+c$
...	...	...
i	a_i	$Loc(a_0)+i*c$
...	...	...
n-1	a_{n-1}	$Loc(a_0)+(n-1)*c$

图 2-1 线性表顺序存储结构

2. 链式存储结构

线性表的链式存储是指通过含有指针的任意存储单元来存储线性表的数据及其逻辑关系。采用链式存储结构的线性表通常被称为单链表。链式存储线性表不需要使用地址连续的存储单元,也就是说,它不要求逻辑上相邻的两个元素在物理位置上也相邻,它是通过"链"建立起数据元素之间的逻辑关系。因此,为了建立起数据元素之间的线性关系,对每个链表节点,除了存放元素自身的信息之外,还需要存放一个指向其后继的指针。假设 data 为数据域,用于存放数据元素;next 为指针域,用于存放其后继节点的地址。一条单链表用一个头指针(head)进行唯一标识,其指向元素 a_0 的节点地址,如果是空单链表那么头指针的值为空(null)。线性表的链式存储结构如图 2-2 所示。

head = null

(a) 空单链表

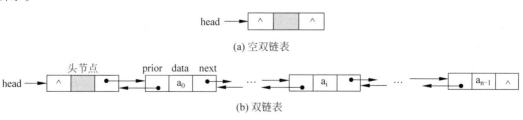

(b) 单链表

图 2-2 线性表的链式存储结构

在单链表中,每个节点只有一个指向后继节点的链。如果想要查找前驱节点,必须从单链表的头指针开始沿着链表方向逐个检查,导致操作效率的降低。可以在单链表的基础上随意对存储结构进行改进,对每个节点多设置一个指向其前驱节点的指针,从而构成了双链表。双链表的每个节点都有前驱节点(prior)和后继节点(next)。双链表的存储结构如图 2-3 所示。

head →

(a) 空双链表

head →

(b) 双链表

图 2-3 双链表的存储结构

2.1.3　线性表的基本操作

基本操作是指其最核心、最基本的操作,其他较复杂的操作可以通过调用其基本操作来实现。线性表虽然只是一对一关系,但是其操作功能非常强大。线性表的基本操作可描述如下。

(1) Setnull(L)：置空表。

(2) Length(L)：求表的长度和表中各元素的个数。

(3) Get(L,i)：获取表中的第 i 个元素(1≤i≤n)。

(4) Prior(L,i)：获取第 i 个元素的前驱元素。

(5) Next(L,i)：获取第 i 个元素的后继元素。

(6) Locate(L,x)：返回指定元素 x 在表中的位置。

(7) Insert(L,i,x)：插入新元素 x,插入位置为 i。

(8) Delete (L,x)：删除已有元素 x。

(9) Empty(L)：判断表是否为空。

每一个操作的实现与其数据的存储结果是密切相关的,同一操作在不同的存储结构上的实现过程是很不相同的。下面基于 Python 语言分别对采用不同存储结构的线性表的基本操作进行介绍。

1. 顺序表操作

在顺序表的基本操作中,最核心的操作是查找、插入和删除。下面对这 3 种操作进行介绍。

1) 查询操作

设有顺序表 L,含有 $n(n \geqslant 0)$ 个元素,在顺序表 L 中查找第 i 个元素。首先对第 i 个元素进行合法性判断,如果第 i 个元素不合法,则返回 false,意味着查找失败;如果第 i 个元素合法,则依据顺序表存储结构逻辑上相邻的两个元素物理位置也相邻的特点,可直接定位到第 i 个元素(该元素是合法的)的位置获得其值,其时间复杂度是 $O(1)$。如果在顺序表 L 中查找元素 f,此时需要从 L 表的起始位置开始逐一向表尾取元素和 f 进行比较,如果存在相等的元素则返回其索引,查找成功;否则,查找不成功。

由此可见,其查找的开销主要和比较的次数相关,受到元素个数限制,因此其时间复杂度是 $O(n)$。

2) 插入操作

设有顺序表 L,含有 $n(n \geqslant 0)$ 个元素,在其第 i ($1 \leqslant i \leqslant L.length+1$) 个位置插入新元素 f。首先对第 i 个元素进行合法性判断,如果第 i 个元素不合法,则返回 false,意味着插入失败;如果第 i 个元素合法,则将顺序表的第 i 个元素以及其后的所有元素依次向后移动一个位置,腾出第 i 个位置插入新元素 f,顺序表长度就会增加 1,插入成功,返回 true。其插入过程如图 2-4(a)所示。从数据元素的插入过程可以看出,这种操作的开销和移动元素的个数成正比,其移动的次数受限于表中元素的个数,其最坏时间复杂度和平均时间复杂度都是 $O(n)$。

3) 删除操作

设有顺序表 L,含有 $n(n \geqslant 0)$ 个元素,将第 i ($1 \leqslant i \leqslant L.length+1$) 个位置的元素 f 删除。

首先对第 i 个元素进行合法性判断,如果第 i 个元素不合法,则返回 false;如果第 i 个元素合法,则将顺序表的第 i 个位置的元素 f 删除,将其后的所有元素依次向前移动一个位置,将第 $i+1$ 位置的元素移动到第 i 个位置,顺序表长度就减少 1,删除成功,返回 true。其删除过程如图 2-4(b)所示。从数据元素的删除过程可以看出,删除操作的开销和插入操作一样也和移动元素的个数成正比,其最坏时间复杂度和平均时间复杂度也是 $O(n)$。

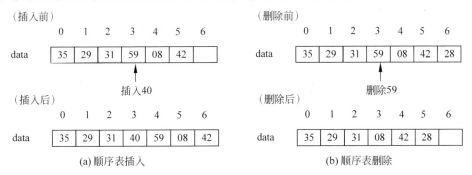

图 2-4　在顺序表第 3 个位置插入和删除操作示意图

在插入和删除指定位置的元素时,由于其顺序存储结构的特点,可以直接定位到第 i 个位置。但是,如果是插入和删除指定的元素,则需要首先找到这个元素,然后执行对其的插入和删除操作。如前所述查找操作的时间复杂度是 $O(n)$,所以此时插入和删除指定元素的时间复杂度就是 $O(n)+O(n)=O[\max(n,n)]$。

在 Python 语言中,其标准数据类型 list 就是一种元素个数可变的顺序表,可对其进行元素的插入和删除等操作,并在各种操作中维持已有元素的顺序。为此,可以用 list 来创建顺序表,并在此基础上完成顺序表相关的基本操作。

【例 2-1】 创建一个含有 10 个整型元素的顺序表,完成顺序表的相关基本操作。

其代码如下:

```
L = [1,2,3,4,5,6,7,8,9,10]    ♯创建一个含有 10 个整型元素的顺序表
len(L)                        ♯求表的长度,结果是 10
L[5]                          ♯获取表中第 5 个元素,结果是 6
L[5 − 1]                      ♯获取第 5 个元素的前驱元素,结果是 5
L[5 + 1]                      ♯获取第 5 个元素的后继元素,结果是 7
L. index(5)                   ♯返回指定元素 5 在表中的位置,结果是 4
L. insert(5,11)   ♯在指定插入位置 5,插入新元素 11,结果是[1, 2, 3, 4, 5, 11, 6, 7, 8, 9, 10]
L. remove(11)                 ♯删除指定元素 5,结果是[1, 2, 3, 4, 11, 6, 7, 8, 9, 10]
L. clear()                    ♯置空表
print(len(L) == 0)            ♯判断表是否为空,结果为 True
```

2. 单链表操作

单链表操作实现与顺序表操作实现不同,在 Python 中,并没有直接可利用的数据类型实现单链表,需要根据问题需求进行相关类和操作的定义和实现。

1) 建立单链表

在建立单链表之前首先要进行表节点类的定义。单链表节点由数据域 data 和指针域 next 构成,可定义如下。

```
class LNode:                  ♯单链表节点类
    def __init__(self,data):
```

```
        self.data = data           # 数据域
        self.next = None           # 指针域
```

单链表的建立主要有头插法和尾插法两种。

（1）头插法就是从一个空表开始，生成新的节点，将读取到的数据存放到新节点的数据域中，然后将新节点插入到当前链表的表头，即头节点之后。头插法建立单链表操作如图 2-5 所示。

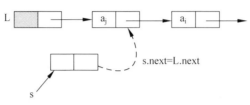

图 2-5　头插法建立单链表操作图

（2）头插法建立单链表虽然简单，但生成的链表中节点的顺序和输入数据的正好相反。如果希望两者顺序一致，就需要采用尾插法，即将新节点插入到当前链表的表尾。可通过设置一个尾指针实现尾插法，使尾指针始终指向当前链表的尾节点；或者不设尾指针，通过指针后移到表的尾部，实现插入操作。尾插法建立单链表操作如图 2-6 所示。

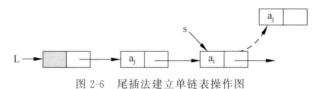

图 2-6　尾插法建立单链表操作图

此时，头插法和尾插法的时间复杂度相同，都为 $O(1)$。在尾插法中如果没有尾指针，则需要从单链表表头一直移动到表尾再进行插入操作，其时间复杂度为 $O(n)$。通常采用头插法进行单链表的创建，定义单链表类和以头插法建立单链表的实现代码如下。

```
class SingleLinkList(object):        # 单链表类
    def __init__(self,node = None):  # 初始化单链表,node 为默认头节点参数,没有参数传入时,
默认为空
        self.__head = node           # 头指针指向头节点
    def headInsert(self,data):       # 头插法插入一个节点方法
        node = LNode(data)           # 创建新节点
        node.next = self.__head      # 将新节点链接到单链表,成为单链表第一个节点
        self.__head = node           # 头指针指向头节点,即新插入的节点
```

在以上单链表类定义的前提下，以尾插法建立单链表的实现代码如下。

```
def tailInsert(self,data):                # 头插法插入一个节点方法
    node = LNode(data)                    # 创建新节点
    if self.is_empty():                   # 判断单链表是否为空表
        self.__head = node                # 空表时,节点直接插入在头指针后面
    else:
        p = self.__head                   # p指向单链表头节点
        while p.next is not None:          # p指针下移到尾节点
            p = p.next
        p.next = node                     # 插入节点
```

2）单链表判空和置空

单链表判空是指判定单链表是否为空表,只需验证单链表的头指针是否为空即可,其函数定义如下。

```
def is_empty(self):                    #单链表判空
    return self.__head == None         #判定头指针是否为 None
```

单链表置空是指将单链表置成空表,不含任何元素,其函数定义如下。

```
def clear(self):                       #单链表置空
    self.__head = None                 #头指针置为空
```

3）求表长

求表长操作就是计算单链表中数据节点(不含头节点)的个数,需要从第一个节点开始顺序依次访问表中的每一个节点,所以需要设置一个计数器变量,每访问一个节点,计数器加1,直到访问到空节点为止。定义单链表求表长的实现代码如下。

```
def length(self):                      #求单链表表长
    p = self.__head                    #p 指向单链表头节点
    count = 0                          #单链表节点计数器
    while p is not None:               #单链表不空时,进行计数
        count += 1                     #计数
        p = p.next                     #指针下移
    return count                       #返回单链表节点个数,即表长
```

4）单链表遍历

单链表遍历是指访问单链表中每个元素的值并输出,其过程是从表头开始,指针依次向下移动,只要不空就输出节点的值。其函数定义如下。

```
def travel(self):                      #单链表遍历
    p = self.__head
    while p is not None:
        print(p.data,end = '')         #输出数据元素的值
        p = p.next
```

5）单链表查询

单链表的查询操作有两种。一种是按索引查询,即定位查询。如查询单链表值第 i 个元素的值。其过程是先判定 i 的合法性,在合法的情况下,从单链表中第一个节点出发,沿着指针的 next 域逐个往下搜索,直到找到第 i 个节点为止,返回节点的值;否则返回 False。其函数定义如下。

```
def find(self,i):                      #查找第 i 个元素
    if i < 0 or i > self.length():     #i 的合法性判断
        return False
    else:
        p = self.__head
        while i - 1:                   #指针下移到第 i 个元素位置
            p = p.next
            i -= 1
        return p.data                  #返回第 i 个节点的值
```

另一种查询是按照值查询,即给定元素的值,查询该元素是否在单链表中。其过程是从单链表中第一个节点出发,沿着指针的 next 域逐个往下搜索,如果表中存在给定元素,则返

回第一次出现该元素的位置，查找结束；继续向下查找直到表尾，否则返回 False。其函数定义如下。

```
def findData(self,data):          # 查找给定 data 值的元素
    p = self.__head
    i = 1
    while p is not None and p.data!= data:
        p = p.next
        i += 1
    if p != None:
        return i                  # 存在含有 data 值的元素，返回其所在位置
    else:
        return False
```

6）单链表插入操作

插入操作是将值为 x 的新节点插入到单链表的第 i 个位置上。单链表插入操作对于插入位置 i，可以分为 3 种情况讨论：一是当 i 的值为小于或等于 1 的值时，理解为将新节点插入到表头的位置，采用头插法实现；二是当 i 的值大于或等于表的长度时，理解为将新节点插入到表尾的位置，采用尾插法实现；三是当 i 的值大于 1 小于或等于表的长度时，找到待插入位置的前驱节点（第 i−1 个节点），继而在它的后面插入新节点，其插入过程如图 2-7 所示。

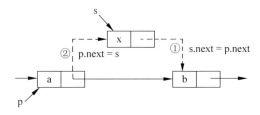

图 2-7　单链表插入操作图

依据以上讨论，可定义单链表插入函数如下。

```
def insert(self,i,data):          # 单链表插入
    if i<=1:
        self.headInsert(data)     # 在第一个节点前插入
    elif i>self.length():
        self.tailInsert(data)     # 在最后一个节点后插入
    else:
        p = self.__head
        count = 1
        while count < i-1:        # p 定位到第 i 个位置之前
            p = p.next
            count += 1
        node = LNode(data)        # 创建新节点
        node.next = p.next        # 修改指针，插入新节点
        p.next = node
```

7）单链表删除操作

单链表的删除操作是将单链表的第 i 个节点删除。先检查删除位置的合法性，在删除位置合法的情况下，分两种情况处理：一种是当 i＝1 时，删除表中的第一个节点，直接修改头指针就可以；另一种是当 i＞1 时，需要定位 s 指向第 i−1 个节点（被删节点的前驱节

点），定位 p 指向第 i 个节点，然后修改 s 的指针域，s.next＝p.next，将第 i 个节点删除。单链表删除操作如图 2-8 所示。

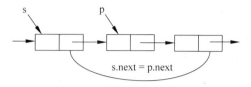

图 2-8　单链表删除操作图

依据以上讨论，单链表删除操作的函数如下。

```
def delete(self,i):              # 单链表删除
    p = self.__head
    if i<1 or i>self.length():    # 判定 i 的合法性
        return False
    elif i==1:
        self.__head = p.next      # 删除第一个节点
    else:
        s = p
        p = p.next
        while i-2:                # s 移动到第 i-1 个节点,p 移动到第 i 个节点
            s = p
            p = p.next
            i -= 1
        s.next = p.next           # 修改 s 指向的第 i-1 个节点的指针域,使其指向第 i+1 个节点
    return True
```

以上给出了 7 种有关单链表的基本操作。这里需要说明的是，单链表节点类和单链表类定义的不同，会带来相关基本操作的不同实现，如在节点类中如果定义了尾指针域，那么利用尾插法建立单链表的函数定义就需相应地改变；再如，如果在单链表类中定义了记录链表长度的变量，则对单链表长度的获取方式就会相应地改变，在进行插入和删除操作时，也需要对单链表中的长度进行相应的改变。另外，这里只给出了按指定位置的插入和删除的函数定义，针对在指定元素前或后插入元素和删除指定元素等相关操作的方法没有给出，读者可参阅已经给出的单链表遍历、删除、查找、插入等方法进行实现。下面通过例 2-2，对单链表的相关操作进行实现。

【例 2-2】　创建一个含有 n 个整型元素的单链表，n 的值从键盘输入，并完成对单链表的相关基本操作。设 n 的值为 10，单链表数据为 1～10 的整数，则其实现代码与输出结果如下。

```
l = SingleLinkList()             # 创建单链表实例
n = int(input("请输入 n 的值:"))   # 输入 10,即使 n=10
for data in range(n,0,-1):       # 头插法创建含有 n 个元素的单链表
    l.headInsert(data)
l.travel()                       # 遍历单链表,输出结果:1 2 3 4 5 6 7 8 9 10
l.insert(5,11)                   # 在第 5 个位置上插入 11
l.travel()                       # 遍历单链表,输出结果:1 2 3 4 11 5 6 7 8 9 10
l.findData(5)                    # 在表中查找数据元素 5,输出结果:6
l.findI(5)                       # 在表中查找第 5 个元素的值,输出结果:11
l.delete(4)                      # 在表中删除第 5 个元素
l.travel()                       # 遍历单链表,输出结果:1 2 3 11 5 6 7 8 9 10
```

```
l.is_empty()                        ♯判定表是否为空表,输出结果:False
l.clear()                           ♯清空表
l.is_empty()                        ♯判定表是否为空表,输出结果:True
```

本节主要介绍了线性结构中的线性表,线性表有两种存储结构,即顺序存储结构和链式存储结构。采用顺序存储的线性表称为顺序表,便于实现数据元素的随机存取,取第 i 个元素的时间复杂度为 $O(1)$,但是对于插入和删除操作,需要移动插入元素位置之后的元素,数据移动量大。采用链式存储结构的线性表称为单链表或双链表,对于插入和删除操作不需要移动元素,只需修改节点的指针即可,不能实现数据的随机存取,取第 i 个元素需要从表头移动指针到第 i 个元素,时间复杂度是 $O(n)$。

2.2　队列

队列是一种特殊的线性表,特殊之处在于插入和删除操作的位置受到限制。插入和删除操作分别在线性表的两端进行,特点是先进先出,在软件设计中应用广泛。

2.2.1　什么是队列

队列是一种列表,不同的是队列严格按照“先来先得”原则,这一点和排队差不多。例如,在银行办理业务时都要先取一个号排队,先来的会先获得到柜台办理业务的资格;购买火车票时需要排队,先来的先获得买票资格。

计算机算法中的队列是一种特殊的线性结构,只允许在表的前端进行删除操作;在表的后端进行插入操作,即最先插入的元素最先被删除;反之,最后插入的元素最后被删除,因此,队列又称为“先进先出”(First In-First Out,FIFO)的线性表。进行插入操作的端称为队尾,插入操作称为入队列;进行删除操作的端称为队头,删除操作称为出队列;若队列中没有元素,则称之为空队列。队列示意如图 2-9 所示。

图 2-9　队列示意图

2.2.2　队列的基本操作

队列的基本操作可描述如下:

(1) initQueue(Q):构造一个空队列 Q。

(2) queueTraver(Q):遍历队列中的元素。

(3) queueEmpty(Q):队列 Q 已存在,若 Q 为空队列,则返回 True,否则返回 False。

(4) queueLength(Q):队列 Q 已存在,返回队列 Q 中数据元素的个数。

(5) getHead(Q,e):队列 Q 已存在且非空,用 e 返回 Q 中的队头元素。

(6) enQueue(Q,e):队列 Q 已存在,插入元素 e 为 Q 的新的队尾元素。

(7) delQueue(Q,e):队列 Q 已存在且非空,删除 Q 的队头元素,并用 e 返回其值。

1．顺序队列操作

队列的顺序实现是指分配一块连续的存储单元存放队列中的元素。在 Python 中与顺序表在存储的实现上是一样的，可采用 list 类型，并基于 list 类型的相关基本操作来定义队列的基本操作，其描述如下。

（1）建立顺序队列。通过 Python 语言中的 list 来创建顺序队列，则顺序队列类可定义如下。

```
class Queue(object):            ♯定义顺序队列类
    def __init__(self):         ♯初始化函数
        self.datas = []         ♯创建空队列
```

（2）顺序队列判空和置空。顺序队列判空是指判定顺序队列是否为空队列，其函数定义如下。

```
def is_empty(self):            ♯顺序队列判空
        return self.datas == []    ♯是否等于空队列
```

单链表置空是指将单链表置成空表，不含顺序队列置空是队列中不含任何元素，其函数定义如下。

```
def clear(self):               ♯顺序队列置空
        self.datas = []            ♯其值为空列表
```

（3）求队列长度。求队列长度操作就是计算顺序队列中数据元素的个数，其实现代码如下。

```
def length(self):             ♯顺序队列中元素个数
        return len(self)           ♯返回元素个数值
```

（4）队列遍历与出队列。由于采用 list 实现顺序队列，因此遍历队列就是遍历 list 的值。出队列就是将队列头元素删除，其实现借助 list 的函数 pop()，代码如下。

```
def travel(self):              ♯队列遍历
        print(self.datas)
def delQueue(self):            ♯出队列
        return self.datas.pop(0)   ♯删除队头元素
```

（5）入队列。入队列就是在表尾进行插入操作，可借助 list 的函数 insert()实现，代码如下。

```
def enQueue(self,data):  ♯入队列
        self.datas.insert(self.length(),data)  ♯尾部插入
```

以上对顺序队列的基本操作进行了介绍，并给了函数的定义，下面通过例 2-3 对队列的相关操作进行实现。

【例 2-3】　创建一个顺序队列 q，完成顺序队列的相关基本操作，则其实现代码与输出结果如下。

```
q = Queue()                ♯创建顺序表实例
q.is_empty()               ♯判定是否为空,输出结果:True
q.length()                 ♯判定队列长度,输出结果:0
q.travel()                 ♯遍历队列的值,输出结果:[]
for i in range(1,11):      ♯向队列中连续插入10个元素
    q.enQueue(i)
```

```
q.travel()                  #遍历队列的值,输出结果:[1, 2, 3, 4, 5, 6, 7, 8, 9, 10]
q.is_empty()                #判定是否为空,输出结果:False
q.length()                  #判定队列长度,输出结果:10
q.delQueue()                #删除队头元素
q.travel()                  #遍历队列的值,输出结果:[2, 3, 4, 5, 6, 7, 8, 9, 10]
q.enQueue(22)               #向队尾插入 22
q.travel()                  #遍历队列的值,输出结果:[2, 3, 4, 5, 6, 7, 8, 9, 10, 22]
q.clear()                   #清空队列
q.travel()                  #遍历队列的值,输出结果:[]
```

在例 2-3 中,主要采用上面描述的相关类和定义的相关方法进行实现,在实际应用中,可依据具体的问题和需求,直接采用 list 类型实现或对上述内容进行扩展。

2. 链式队列

队列的链式存储如图 2-10 所示,它实际上是一个同时带有队头指针和队尾指针的单链表,这里称其为链队列。头指针指向队头节点,尾指针指向队尾节点,即单链表的最后一个节点。

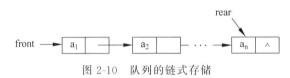

图 2-10　队列的链式存储

出队时,首先判断队是否为空,若不空,则取出队头元素,将其从链表中摘除,并让 Q.front 指向下一个节点。如果该节点为最后一个节点,则置 Q.front 和 Q.rear 都为 None。入队时,建立一个新节点,将新节点插入到链表的尾部,并使 Q.rear 指向这个新插入的节点。如果原队列为空队,则令 Q.front 也指向该节点。链队列的基本操作与单链表的基本操作相比,除了插入和删除不同外,其他基本相同,此处不再赘述。下面通过例 2-4 给出链队列的创建和相关基本操作的描述与实现。

【例 2-4】　创建一个空的链队列,依次向链队列中加入 n 个元素,每个元素采用 LNode 节点结构,完成对链队列相关基本操作的定义与实现,则其代码、输入、相关解释说明和输出结果如下。

```
##链队列基本操作定义
class LinkQueue(object):    #链队列类
    def __init__(self,node = None):    #初始化链队列,node 为默认头节点参数,没有参数传入时,
#默认为空
        self.front = node               #队头指针指向头节点
        self.rear = node                #队尾指针指向头节点
    def is_empty(self):                 #链队列判空
        return self.front == None       #判定队头指针是否为 None
    def length(self):                   #求单链表表长
        p = self.front                  # p 指向队头节点
        count = 0                       #链队列节点计数器
        while p is not None:            #链队列不空时,进行计数
            count += 1                  #计数
            p = p.next                  #指针下移
        return count                    #返回链队列节点个数,即表长
    def enQueue(self,data):             #头插法插入一个节点方法
        node = LNode(data)              #创建新节点
        if self.front == None:          #如果链队列为空队列,则节点为第一个点
```

```
                    self.front = node
                    self.rear = node
                else:                              ＃链队列不为空
                    self.rear.next = node          ＃将新节点入队,成为链队列最后一个节点
                    self.rear = node
        def delQueue(self):                        ＃出队列
            if self.front == None:
                print("空队列")
            else:
                p = self.front
                self.front = self.front.next
                print('出队列元素为:',p.data)
        def travel(self):                          ＃链队列遍历
            if self.front == None:
                print('空队列')
            else:
                p = self.front
                while p is not None:
                    print(p.data,end = '')         ＃输出数据元素的值
                    p = p.next
## 实例化与基本操作实现
lq = LinkQueue()
lq.is_empty()                                      ＃输出结果:True
lq.length()                                        ＃输出结果:0
n = int(input("请输入 n 的值:"))                   ＃输入 10,即使 n = 10
for data in range(1,n + 1):                        ＃ 将 n 个元素依次入队列
    lq.enQueue(data)
lq.travel()                                        ＃遍历链队列,输出结果:1 2 3 4 5 6 7 8 9 10
lq.length()                                        ＃输出结果:10
lq.delQueue()                                      ＃出队列,输出结果:出队列元素为: 1
lq.travel()                                        ＃遍历链队列,输出结果:2 3 4 5 6 7 8 9 10
lq.length()                                        ＃输出结果:9
for i in range(1,11):                              ＃依次出队列 10 次
    lq.delQueue()
lq.travel()                                        ＃输出结果:空队列
lq.length()                                        ＃输出结果:0
```

2.3 栈

栈与队列一样都属于特殊的线性表,栈是只允许在表尾进行插入和删除操作的线性表,具有后进先出的特点,在软件设计中应用也较为广泛。

2.3.1 什么是栈

栈是一种线性结构,按照后进先出的原则存储数据,先进的数据被压入栈底,最后进入的数据在栈顶。当需要读数据时,从栈顶开始弹出数据,最后一个进入的数据第一个被读出来。栈通常也被称为后进先出的表。栈的相关概念如下。

(1) 栈顶和栈底:允许执行插入和删除操作的一端称为栈顶(top),另一端称为栈底(bottom)。栈底是固定的,而栈顶是浮动的。

(2) 空栈:如果栈中元素的个数为零,则被称为空栈。

（3）入栈和出栈：插入操作称为入栈（Push），删除操作称为出栈（Pop）。

2.3.2 栈的基本操作

常见的栈操作可描述如下。

（1）stack()：建立一个空的栈对象。

（2）push()：将一个元素添加到栈，即入栈。

（3）pop()：删除栈的顶层元素，并返回这个元素，即出栈。

（4）peek()：返回顶层的元素，并不删除它，可理解为遍历栈。

（5）isEmpty()：判断栈是否为空。

（6）size()：返回栈中元素的个数。

1. 顺序栈

采用顺序存储结构的栈称为顺序栈，在 Python 语言中，可采用 list 实现。入栈和出栈的操作实现为在列表尾进行插入和删除。其实现过程比较简单，不一一单独说明。下面通过例 2-5 给出顺序栈相关基本操作的描述与实现。

【例 2-5】 创建一个顺序栈 s，完成顺序栈的相关基本操作，则其实现代码、代码解释说明和输出结果如下。

```
## 顺序栈基本操作定义
class Stack(object):                    # 定义顺序栈类
    def __init__(self):                 # 初始化函数
        self.datas = []                 # 创建栈
    def is_empty(self):                 # 顺序栈判空
        return self.datas == []         # 是否等于空列表
    def length(self):                   # 顺序栈中元素个数
        return len(self.datas)          # 返回元素个数值
    def travel(self):                   # 栈遍历
        print(self.datas)
    def pop(self):                      # 出栈
        return self.datas.pop(self.length() - 1)    # 删除队头元素
    def push(self,data):                # 入栈
        self.datas.append(data)         # 尾部插入
    def peek(self):                     # 返回栈顶元素
        return self.datas[len(self.datas) - 1]
## 顺序栈实例化与基本操作实现
s = Stack()                            # 创建顺序栈实例
s.is_empty()                           # 判定是否为空，输出结果:True
s.length()                             # 栈长度，输出结果:0
s.travel()                             # 遍历栈的值，输出结果:[]
for i in range(1,11):                  # 向栈中连续插入 10 个元素
    s.push(i)
s.travel()                             # 遍历栈的值，输出结果:[1, 2, 3, 4, 5, 6, 7, 8, 9, 10]
s.is_empty()                           # 判定是否为空，输出结果:False
s.length()                             # 判定队列长度，输出结果:10
s.pop()                                # 出栈，删除栈顶元素
s.travel()                             # 遍历栈的值，输出结果:[1, 2, 3, 4, 5, 6, 7, 8, 9]
s.pop()                                # 出栈，删除栈顶元素
s.travel()                             # 遍历栈的值，输出结果:[1, 2, 3, 4, 5, 6, 7, 8]
s.peek()                               # 返回栈顶元素，不删除，输出结果:9
```

```
s.travel()                              #遍历栈的值,输出结果:[1, 2, 3, 4, 5, 6, 7, 8]
```

2. 链式栈

采用链式存储结构的栈称为链式栈。设头指针 top 指向第一个元素节点(栈顶),入栈操作是头插入,在栈顶节点之前插入节点;出栈操作是头删除,删除栈顶节点并返回栈顶元素,再使 top 指向新的栈顶节点。链式栈以及入栈、出栈操作示意图如图 2-11 所示。可将其理解为只能在表头进行插入和删除操作的单链表。

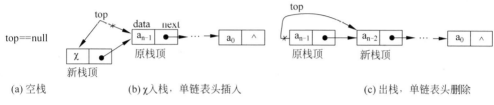

图 2-11　链式栈操作示意图

链式栈的基本操作与链队列的基本操作相比,除了删除不同外,其他基本相同,此处不再赘述。下面通过例 2-6 给出链式栈的创建和相关基本操作的描述与实现。

【例 2-6】 创建一个空的链式栈,依次向链式栈中加入 n 个元素,每个元素采用 LNode 节点结构,完成对链式栈相关基本操作的定义与实现,则其代码、输入、相关解释说明和输出结果如下。

```
##链式栈基本操作定义
class LinkStack(object):                #链队列类
    def __init__(self,node = None):     #初始化链式栈,node 为默认头节点参数,没有参数传入
                                        #时,默认为空
        self.top = node                 #队头指针指向头节点
    def is_empty(self):                 #链式栈判空
        return self.top == None         #判定 top 指针是否为 None
    def length(self):                   #求链式栈长
        p = self.top                    #p 指向栈顶节点
        count = 0                       #栈节点计数器
        while p is not None:            #链式栈不空时,进行计数
            count += 1                  #计数
            p = p.next                  #指针下移
        return count                    #返回链式栈节点个数,即表长
    def push(self,data):                #在栈顶插入一个节点方法
        node = LNode(data)              #创建新节点
        if self.top == None:            #如果链式栈为空,则节点为第一个点
            self.top = node
        else:                           #链式栈不为空
            node.next = self.top        #将新节点入栈,成为链式栈栈顶节点
            self.top = node
    def pop(self):                      #出栈
        if self.top == None:
            print("空栈")
        else:
            p = self.top
            self.top = self.top.next
            print('出栈元素为:',p.data)
    def travel(self):                   #链式栈遍历
```

```
                if self.top == None:
                    print('空栈')
                else:
                    p = self.top
                    while p is not None:
                        print(p.data,end = '')    # 输出数据元素的值
                        p = p.next
# 实例化与基本操作实现
ls = LinkStack()
ls.is_empty()                              # 输出结果:True
ls.length()                                # 输出结果:0
n = int(input("请输入 n 的值:"))           # 输入 10,即使 n = 10
for data in range(1,n + 1):                # 将 n 个元素依次入栈
    ls.push(data)
ls.travel()                                # 遍历链式栈,输出结果:10 9 8 7 6 5 4 3 2 1
ls.length()                                # 输出结果:10
ls.pop()                                   # 出栈,输出结果:出栈元素为: 10
ls.travel()                                # 遍历链式栈,输出结果:9 8 7 6 5 4 3 2 1
ls.length()                                # 输出结果:9
for i in range(1,11):                      # 依次出栈 10 次
    ls.pop()
ls.travel()                                # 输出结果:空栈
ls.length()                                # 输出结果:0
```

2.4　树与二叉树

树是数据元素(节点)之间具有层次关系的非线性结构。在树结构中,根节点没有前驱节点;除了根节点以外的节点都只有一个前驱节点,有零个或多个后继节点。

树和二叉树的定义都是递归的,通常情况下采用链式存储结构,所以基于树结构的算法设计主要采用链式存储结构和递归算法。

2.4.1　什么是树与二叉树

在计算机领域,树是一种很常见的非线性数据结构。树能够把数据按照等级模式存储起来。单个节点可以是一棵树,树根就是节点本身。设 $T_1,T_2,\cdots,T_k$ 是树,它们的根节点分别为 $n_1,n_2,\cdots,n_k$。如果用一个新节点 n 作为 $n_1,n_2,\cdots,n_k$ 的父亲,得到一棵新树,节点 n 就是新树的根。称 $n_1,n_2,\cdots,n_k$ 为一组兄弟节点,它们都是节点 n 的子节点,称 $n_1,n_2,\cdots,n_k$ 为节点 n 的子树的根节点。一棵典型的树的基本结构如图 2-12 所示。

由此可见,树是由边连接起来的一系列节点。

通俗地讲,将树当作公司的组织结构图,如图 2-13 所示为一家软件公司的组织结构。图 2-13 中的每个方框是一个节点,连接方框的线是边。显然,由节点表示的实体(人)构成一个组织,而边表示实体之间的关系。例如,技术总监直接向董事长汇报工作,所以在这两个节点之间有一条边。销售总监和技术总监之间没有直接用边来连接,所以这两个实体之间没有直接关系。

树是 $n(n \geq 0)$ 个节点的有限集,作为"树"需要满足如下两个条件。

(1) 有且仅有一个特定的称为根的节点。

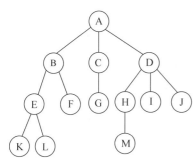

图 2-12 树的基本结构图

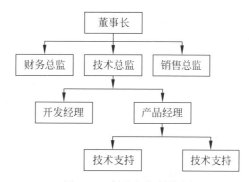

图 2-13 树的组织结构图

（2）其余的节点可分为 m 个互不相交的有限集合 $T_1,T_2,\cdots,T_k$，其中，每个集合又都是一棵树（子树）。

与树相关的基本概念如下。

（1）节点的度：是指一个节点的子树个数。

（2）树的度：一棵树中节点的度的最大值。

（3）叶子（终端节点）：度为 0 的节点。

（4）分支节点（非终端节点）：度不为 0 的节点。

（5）内部节点：除根节点之外的分支节点。

（6）孩子：将树中某个节点的子树的根称为这个节点的孩子。

（7）双亲：某个节点的上层节点称为该节点的双亲。

（8）兄弟：同一个双亲的孩子。

（9）路径：如果在树中存在一个节点序列 $k_1,k_2,\cdots,k_j$，使得 k_i 是 k_{i+1} 的双亲（$1\leqslant i\leqslant j$），则称该节点序列是从 k_1 到 k_j 的一条路径。

（10）祖先：如果树中节点 k 到 k_s 之间存在一条路径，则称 k 是 k_s 的祖先。

（11）子孙：k_s 是 k 的子孙。

（12）层次：节点的层次是从根开始算起，约定根节点的层次数为 1。

（13）高度：树中节点的最大层次称为树的高度或深度。

（14）有序树：树中每个节点的各个孩子节点有严格的排列次序的树，称为有序树。

（15）无序树：树中每个节点的各个孩子节点没有排列次序的树，称为无序树。

（16）森林：是 $n(n\geqslant0)$ 棵互不相交的树的集合。

在图 2-12 中，节点 A 的度为 3，节点 B 的度为 2，节点 M 的度为 0；节点 A 的孩子为 B、C、D，节点 B 的孩子为 E、F；节点 A 的层次为 1，节点 M 的层次为 4；节点 I 的双亲为 D，节点 L 的双亲为 E；节点 B、C、D 为兄弟，节点 K、L 为兄弟；节点 F、G 为堂兄弟，节点 A 是节点 F 和 G 的祖先；树的叶子为 K、L、F、G、M、I、J；树的深度为 4，树的度为 3。

二叉树是指每个节点最多两个子树的有序树，二叉树是节点的有限集，可以是空集，也可以由一个根节点及两棵不相交的子树组成，通常将这两棵不相交的子树分别称作这个根节点的左子树和右子树。

二叉树有如下 5 种基本形态：空二叉树、只有根节点的二叉树、右子树为空的二叉树、左子树为空的二叉树、左右子树均非空的二叉树，如图 2-14 所示。

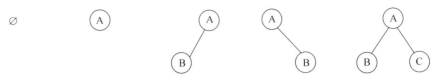

(a) 空二叉树　(b) 只有根节点的二叉树　(c) 右子树为空　(d) 左子树为空　(e) 左右子树均非空

图 2-14　二叉树的基本形态图

二叉树的主要特点如下。

（1）每个节点至多只有两棵子树，即不存在度大于 2 的节点。

（2）二叉树的子树有左右之分，次序不能颠倒。

2.4.2　二叉树的性质

在二叉树中有两种较为特殊的二叉树：满二叉树和完全二叉树，如图 2-15 所示。

（1）满二叉树：在一棵二叉树中，如果所有分支节点都存在左子树和右子树，并且所有叶子都在同一层上，这样的二叉树称为满二叉树。

（2）完全二叉树：如果二叉树中除去最后一层节点为满二叉树，且最后一层的节点依次从左到右分布，则此二叉树被称为完全二叉树。即完全二叉树的叶子节点只出现在树的最底层和次底层，且最底层的叶子节点都集中在树的左端。

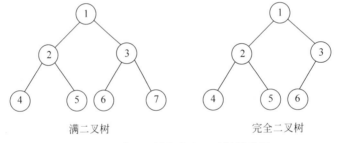

满二叉树　　　　　　　　　完全二叉树

图 2-15　满二叉树和完全二叉树示意图

基于二叉树定义，可分析得到二叉树的如下性质。

（1）在二叉树中，第 i 层的节点数目最多为 2^i-1。

（2）深度为 h 的二叉树最少有 h 个节点，最多有 2^h-1 个节点（$h\geqslant1$）。

（3）对于任意一棵二叉树来说，如果叶子节点数为 n_0，且度数为 2 的节点总数为 n_2，则有 $n_0=n_2+1$。

（4）有 n 个节点的完全二叉树的深度为 $\mathrm{int}(\log(2n))+1$。

（5）存在一棵有 n 个节点的完全二叉树，如果各节点以从上到下、从左到右的顺序进行编号，则树中编号为 i 的节点和其他节点之间有如下关系与性质。

① 如果 $i=1$，则节点 i 为根，无父节点；如果 $i>1$，则父节点编号为 $n/2$ 下取整。

② 如果 $2i\leqslant n$，则左孩子（即左子树的根节点）节点编号为 $2i$；如果 $2i>n$，则无左孩子。

③ 如果 $2i+1\leqslant n$，则右孩子节点编号为 $2i+1$；如果 $2i+1>n$，则无右孩子节点。

2.4.3　二叉树的存储结构

1. 二叉树的顺序存储

二叉树的顺序存储是指使用顺序表存储二叉树。从根节点开始，按照层次依次将树中节点存储到顺序表即可。完全二叉树及其存储状态如图 2-16 所示。

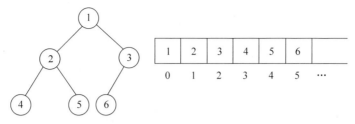

图 2-16 完全二叉树及其存储状态

在二叉树的顺序存储中,其对应顺序表的索引按照二叉树的性质(5)体现各个节点之间的逻辑关系,如在顺序表中索引为 i 的节点,如果有左右孩子,则其左右孩子的索引分别是 $2i$ 和 $2i+1$。因此,顺序存储适合存储完全二叉树。如果想顺序存储普通二叉树,则需要提前将普通二叉树转化为完全二叉树。即需要给二叉树额外添加一些空节点,将其"拼凑"成完全二叉树。如图 2-17 所示,左侧是普通二叉树,右侧是转化后的完全(满)二叉树及其存储状态。从图 2-17 可以分析出,在顺序存储二叉树时,如果是一棵只含有 h 个节点且树的深度也为 h 的右斜二叉树,则需要 2^k-1 个存储单元,会浪费大量的存储空间。

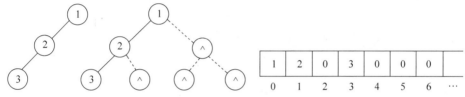

图 2-17 非完全二叉树的转化和存储示意图

2. 二叉树的链式存储

二叉树的链式存储结构一般有两种,分别是二叉链存储结构和三叉链存储结构。二叉树的二叉链式存储结构称为二叉链表,采用一个数据域和两个指针域来存储树中的每个节点,其结构如图 2-18 所示。其中,data 域存放某节点的数据信息;lchild 与 rchild

lchild	data	rchild

图 2-18 二叉链表的节点结构图

分别存放指向左孩子和右孩子的指针,当左孩子或右孩子不存在时,相应指针域值为空(用符号∧或 NULL 表示)。利用这样的节点结构表示的二叉树的链式存储结构被称为二叉链表,如图 2-19 所示。

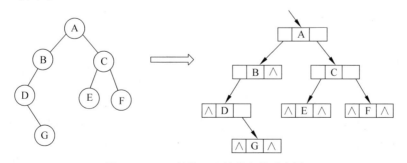

图 2-19 二叉树的二叉链式存储示意图

为了方便访问某节点的双亲,还可以给链表节点增加一个双亲字段 parent,用来指向其

lchild	data	rchild	parent

图 2-20 三叉链表的节点结构图

双亲节点。此时，每个节点由 4 个域组成，其节点结构如图 2-20 所示。

这种存储结构既便于查找孩子节点，又便于查找双亲节点；但是，相对于二叉链表存储结构而言，它增加了空间开销。利用这样的节点结构表示的二叉树的链式存储结构被称为三叉链表。三叉链表结构如图 2-21 所示。

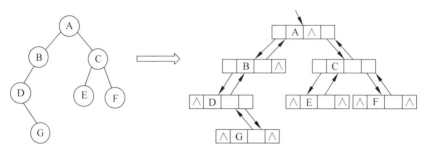

图 2-21 三叉链表结构

尽管在二叉链表中无法由节点直接找到其双亲，但由于二叉链表结构灵活，操作方便，对于一般情况的二叉树，甚至比顺序存储结构还节省空间，因此，二叉链表是最常用的二叉树存储方式。

2.4.4 二叉树的基本操作

二叉树的基本操作可描述如下：

（1）InitBtree(T)——构造一个空树 T。

（2）BtTraver(T)——遍历树中的元素。

（3）BtEmpty(T)——树 T 已存在，若 T 为空树，则返回 True，否则返回 False。

（4）BtSize(T)——树 T 已存在，返回树 T 中数据元素的个数。

（5）GetBtRoot(T,root)——树 T 已存在且非空，用 e 返回 T 中的队头元素。

（6）BtFindData(T,e)——树 T 已存在，查找元素 e 是否在 T 中，如果存在，则返回指向该节点指针，否则返回 False。

1. 顺序二叉树

顺序二叉树即采用顺序表存储的二叉树。如 2.1.3 节所述，在 Python 语言中，可采用 list 实现，实现过程比较简单。

所谓二叉树的遍历，是指按某条搜索路径访问树中的每个节点，使得每个节点均被访问一次，而且仅被访问一次。

由二叉树的递归定义可知，遍历一棵二叉树时要决定对根节点 N、左子树 L 和右子树 R 的访问顺序。按照先遍历左子树再遍历右子树的原则，常见的遍历次序有先序遍历（NLR）、中序遍历（LNR）和后序遍历（LRN）3 种算法。其中，序是指根节点在何时被访问。

（1）先序遍历的操作过程为：如果二叉树为空，则什么也不做；否则①访问根节点；②先序遍历左子树；③先序遍历右子树。

（2）中序遍历的操作过程为：如果二叉树为空，则什么也不做；否则①中序遍历左子树；②访问根节点；③中序遍历右子树。

（3）后序遍历的操作过程为：如果二叉树为空，则什么也不做；否则①后序遍历左子树；②后序遍历右子树；③访问根节点。

3 种遍历算法中递归遍历左、右子树的顺序都是固定的,只是访问根节点的顺序不同。不管采用哪种遍历算法,每个节点都访问一次且仅访问一次。在递归遍历中,递归工作栈的栈深恰好为树的深度,所以在最坏的情况下,二叉树是有 n 个节点且深度为 n 的单支树。

2. 递归算法和非递归算法的转换

可以借助栈,将二叉树的递归遍历算法转换为非递归算法。先扫描(并非访问)根节点的所有左节点并将它们一一进栈,然后出栈一个节点 * p(显然节点 * p 没有左孩子节点或者左孩子节点均已访问过),则访问它,然后扫描该节点的右孩子节点,将其进栈,再扫描该右孩子节点的所有左节点并一一进栈,如此继续,直到栈空为止。

3. 层次遍历

图 2-22 所示为二叉树的层次遍历,即按照箭头所指方向,按照1、2、3、4 的层次顺序,对二叉树中各个节点进行访问。

要进行层次遍历需要借助一个队列。先将二叉树的根节点入队,然后出队,访问该节点。如果它有左子树,则将左子树根节点入队;如果它有右子树,则将右子树根节点入队。然后出队,对出队节点访问,如此反复,直到队列为空。

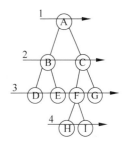

图 2-22　层次遍历图

4. 由遍历序列构造二叉树

由二叉树的先序序列和中序序列可以唯一地确定一棵二叉树。在先序遍历序列中,第一个节点一定是二叉树的根节点,而在中序遍历中,根节点必然将中序序列分割成两个子序列,前一个子序列就是根节点的左子树的中序序列,后一个子序列是根节点的右子树的中序序列。根据这两个子序列,在先序序列中找到对应的左子序列和右子序列。在先序序列中,左子序列的第一个节点是左子树的根节点,右子序列的第一个节点是右子树的根节点。如此递归地进行下去,便能唯一地确定这棵二叉树。

同理,由二叉树的后序序列和中序序列也可以唯一地确定一棵二叉树,因为后序序列的最后一个节点就如同先序序列的第一个节点,可以将中序序列分割成两个子序列,然后采用类似的方法递归地进行划分,就可以得到一棵二叉树。

由二叉树的层次遍历序列和中序序列也可以唯一地确定一棵二叉树,实现方法留给读者思考。需要注意的是,如果只知道二叉树的先序序列和后序序列,则无法唯一确定一棵二叉树。

【例 2-7】　求先序序列(ABCDEFGHI)和中序序列(BCAEDGHFI)所确定的二叉树。

首先,由先序序列可知 A 为二叉树的根节点。中序序列中 A 之前的 BC 为左子树的中序序列,EDGHFI 为右子树的中序序列,如图 2-23(a)所示。随后由先序序列可知 B 是左子树的根节点,D 是右子树的根节点,如图 2-23(b)所示。以此类推,就能将剩下的节点继续分解下去,最后得到的二叉树如图 2-23(c)所示。

2.4.5　树的应用案例

哈夫曼(Huffman)树是所有的"树"结构中最优秀的种类之一,也被称为霍夫曼树。哈夫曼树又被称最优二叉树,它是由 n 个带权叶子节点构成的所有二叉树中,带权路径长度(WPL)最小的二叉树。

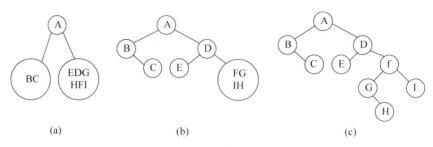

图 2-23　遍历序列构造二叉树图

哈夫曼树的相关概念如下。

（1）路径：从树中一个节点到另一个节点之间的分支构成这两个节点之间的路径。

（2）路径长度：路径上的分支数目称为路径长度。

（3）树的路径长度：从树根到每一个节点的路径长度之和。

（4）节点的带权路径长度：从该节点到树根之间的路径长度与节点上权的乘积。

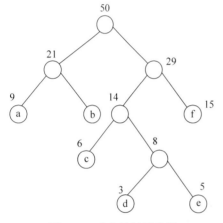

图 2-24　哈夫曼树示意图

（5）树的带权路径长度：是树中所有叶子节点的带权路径长度的和，记作：

$$\mathrm{WPL} = \sum_{k=1}^{n} W_k l_k$$

哈夫曼树示意如图 2-24 所示。其中，a 的编码为 00，b 的编码为 01，c 的编码为 100，d 的编码为 1010，e 的编码为 1011，f 的编码为 11。

哈夫曼树（最优二叉树）：假设有 n 个权值 $\{m_1, m_2, m_3, \cdots, m_n\}$，可以构造一棵具有 n 个叶子节点的二叉树，则其中带权路径长度 WPL 最小的二叉树称作最优二叉树。假设一棵二叉树有 4 个节点，分别是 A、B、C、D，其权重分别是 5、7、2、13，通过这 4 个节点可以构造多棵二叉树，如图 2-25 所示。

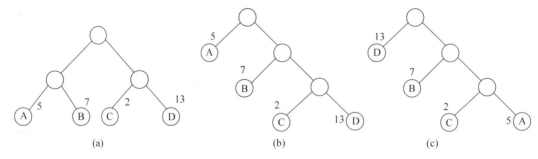

图 2-25　哈夫曼树不同编码图

因为哈夫曼树的带权路径长度是各节点的带权路径长度之和，所以如图 2-25 所示的各二叉树的带权路径长度，分别是节点 A、B、C、D 的带权路径长度的和，具体计算过程如下。

（1）WPL＝5×2＋7×2＋2×2＋13×2＝54；

（2）WPL＝5×1＋7×2＋2×3＋13×3＝64；

（3）WPL＝1×13＋2×7＋3×2＋5×3＝48。

构造哈夫曼树的步骤如下。

（1）将给定的 n 个权值 $\{m_1,m_2,m_3,\cdots,m_n\}$ 作为 n 个根节点的权值构造具有 n 棵二叉树的森林 $\{T_1,T_2,\cdots,T_n\}$，其中每棵二叉树只有一个根节点。

（2）在森林中选取两棵根节点权值最小的二叉树作为左右子树构造一棵新二叉树，新二叉树的根节点权值为这两棵树的根权值之和。

（3）在森林中，将上面选择的这两棵根节点权值最小的二叉树从森林中删除，并将刚刚新构造的二叉树加入森林中。

（4）重复步骤（2）和步骤（3），直到森林中只有一棵二叉树为止，这棵二叉树就是哈夫曼树。

假设有一个权值集合 $m=\{5,29,7,8,14,23,3,11\}$，要求构造关于 m 的一棵哈夫曼树，并求其加权路径长度（WPL）。

在构造哈夫曼树的过程中，在第二次选择两棵权值最小的树时，左右子树分别是 7 和 8，含义：这里的 8 有两种含义：第一种是原来权值集合中的 8，第二种是经过第一次构造出的新二叉树的根的权值，如图 2-26 所示。

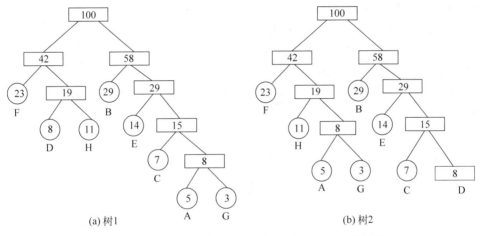

图 2-26　7 与不同含义的 8 相结合，生成不同的哈夫曼树

所以 7 与不同含义的 8 相结合，便生成了不同的哈夫曼树，但是它们的 WPL 是相同的，计算过程如下。

（1）树 1：WPL＝2×23＋3×（8＋11）＋2×29＋3×14＋4×7＋5×（3＋5）＝271。

（2）树 2：WPL＝2×23＋3×11＋4×（3＋5）＋2×29＋3×14＋4×（7＋8）＝271。

在现实中，如果要设计电文总长最短的二进制前缀编码，其实就是以 n 种字符出现的频率作为权，然后设计一棵哈夫曼树的过程。正是因为这个原因，所以通常将二进制前缀编码称为哈夫曼编码。

哈夫曼编码具体的步骤如下。

（1）将信源符号的概率按递减的顺序排队。

（2）将两个最小的概率相加，并继续这一步骤，始终将较高的概率分支放在右边，直到最后变成概率 1。

（3）画出由概率 1 位置到每个信源符号的路径，顺序记下沿路径的 0 和 1，所得就是该符号的哈夫曼编码。

（4）将每对组合的左边一个指定为 0，右边一个指定为 1；或相反。

2.5 图

图是一种数据元素之间具有多对多关系的非线性数据结构。图中的每个元素可以有多个前驱元素和多个后继元素，任意两个元素都可以相邻。图结构比线性表和树更加复杂。

2.5.1 什么是图

图是由顶点的有穷非空集合和顶点之间边的集合组成的，通常表示为：

$$G = (V, E)$$

其中，G 表示一个图，V 是图 G 中顶点的集合，E 是图 G 中顶点之间边的集合。在线性表中，元素个数可以为零，称为空表；在树中，节点个数可以为零，称为空树；在图中，顶点个数不能为零，但可以没有边。

对于图，常用到以下概念。

（1）稀疏图：称边数很少的图为稀疏图。

（2）稠密图：称边数很多的图为稠密图。

（3）权：对边赋予的有意义的数值量。

（4）网：边上带权的图，也称为网图。

（5）路径长度：对非带权图来说，路径长度是路径上边的个数；对带权图来说，路径长度是路径上各边的权之和。

（6）回路（环）：第一个顶点和最后一个顶点相同的路径。

（7）简单路径：序列中顶点不重复出现的路径。

（8）简单回路（简单环）：除了第一个顶点和最后一个顶点之外，其余顶点不重复出现的回路。

（9）子图：若图 $G = (V, E)$，$G' = (V', E')$，如果 $V' \in V$ 且 $E' \in E$，则称图 G' 是图 G 的子图。

（10）简单图：若图中不存在顶点到其自身的边，且同一条边不重复出现，则被称为简单图，如图 2-27 所示。

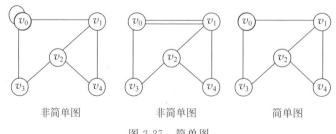

非简单图   非简单图   简单图

图 2-27 简单图

1．无向图

若顶点 v_i 和 v_j 之间的边没有方向，则称这条边为无向边，表示为 (v_i, v_j)。如果图的任意两个顶点之间的边都是无向边,则称该图为无向图,如图 2-28 所示。

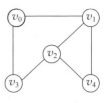

图 2-28 无向图

在无向图中需注意以下定义与特性。

(1) 在无向图中,对于任意两个顶点 v_i 和顶点 v_j,若存在边 (v_i,v_j),则称顶点 v_i 和顶点 v_j 互为邻接点,同时称边 (v_i,v_j) 依附于顶点 v_i 和顶点 v_j。

(2) 在无向图中,如果任意两个顶点之间都存在边,则称其为无向完全图。

(3) 在无向图中,顶点 v 的度是指依附于该顶点的边数,通常记为 $\mathrm{TD}(v)$。在具有 n 个顶点 e 条边的无向图中,有下式成立:

$$\sum_{i=0}^{n-1}\mathrm{TD}(v_i)=2e \tag{2-1}$$

(4) 在无向图中,如果从一个顶点 v_i 到另一个顶点 $v_j(i\neq j)$ 有路径,则称顶点 v_i 和 v_j 是连通的。如果图中任意两个顶点都是连通的,则称该图是连通图。非连通图的极大连通子图称为连通分量。

(5) 在无向图 $G=(V,E)$ 中,从顶点 v_p 到顶点 v_q 之间的路径是一个顶点序列 $(v_p=v_{i0},v_{i1},v_{i2},\cdots,v_{im}=v_q)$,其中,$(v_{ij}-1,v_{ij})\in E(1\leqslant j\leqslant m)$。

2. 有向图

若从顶点 v_i 到 v_j 的边有方向,则称这条边为有向边,表示为 $<v_i,v_j>$。如果图的任意两个顶点之间的边都是有向边,则称该图为有向图,如图 2-29 所示。

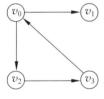

图 2-29 有向图

在有向图中需注意以下定义与特性。

(1) 在有向图中,对于任意两个顶点 v_i 和顶点 v_j,若存在弧 $<v_i,v_j>$,则称顶点 v_i 邻接到顶点 v_j,顶点 v_j 邻接自顶点 v_i,同时称弧 $<v_i,v_j>$ 依附于顶点 v_i 和顶点 v_j。

(2) 在有向图中,如果任意两个顶点之间都存在方向相反的两条弧,则称其为有向完全图。

(3) 在有向图中,顶点 v 的入度是指以该顶点为弧头的弧的数目,记为 $\mathrm{ID}(v)$。

(4) 在有向图中,顶点 v 的出度是指以该顶点为弧尾的弧的数目,记为 $\mathrm{OD}(v)$。在具有 n 个顶点 e 条边的有向图中,有下式成立:

$$\sum_{i=0}^{n-1}\mathrm{ID}(v_i)=\sum_{i=0}^{n-1}\mathrm{OD}(v_i)=e \tag{2-2}$$

(5) 强连通图:在有向图中,对图中任意一对顶点 v_i 和 $v_j(i\neq j)$,若从顶点 v_i 到顶点 v_j 和从顶点 v_j 到顶点 v_i 均有路径,则称该有向图是强连通图。非强连通图的极大强连通子图称为强连通分量。

(6) 若 G 是有向图,则路径也是有方向的,顶点序列满足 $<v_{ij}-1,v_{ij}>\in E$。

2.5.2 图的存储结构

图是一种复杂的数据结构。在图中,任何两个顶点之间都可能存在关系(边),无法通过存储位置表示这种任意的逻辑关系,所以,图无法采用顺序存储结构。由图的定义,图是由顶点和边组成的,分别考虑如何存储顶点、如何存储边。一般来说,图的存储结构应根据具体问题的要求来设计。下面介绍图的两种常用的存储结构。

图的邻接矩阵存储也称为数组表示法，其方法是用一个一维数组存储图中顶点的信息，用一个二维数组存储中边的信息（即各顶点之间的邻接关系），存储顶点之间邻接关系的二维数组称为邻接矩阵。

设 $G=(V,E)$ 有 n 个顶点，则邻接矩阵是一个 $n\times n$ 的方阵，定义为：

$$\mathrm{arc}[i][j]=\begin{cases}1, & (v_i,v_j)\in E \text{ 或} <v_i,v_j>\in E \\ 0, & \text{其他}\end{cases} \tag{2-3}$$

一个无向图及其邻接矩阵存储示意图如图 2-30 所示。由此可知，

（1）无向图的邻接矩阵是对称矩阵；

（2）顶点 v 的度是第 v 行（或第 v 列）非零元素的个数；

（3）判断顶点 i 和 j 之间是否存在边的代码为：if(arc[i][j]==1)。

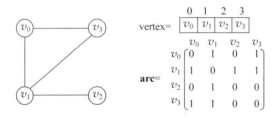

图 2-30　无向图邻接矩阵存储图

一个有向图及其邻接矩阵存储示意图如图 2-31 所示，由此可知，

（1）有向图的邻接矩阵不一定是对称的，顶点间存在方向相反的弧；

（2）顶点 v 的出度是第 v 行非零元素的个数；

（3）顶点 v 的入度是第 v 列非零元素的个数。

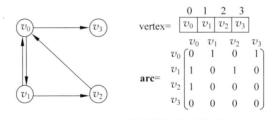

图 2-31　有向图邻接矩阵存储图

当一个图为稀疏图时，使用邻接矩阵表示法显然要浪费大量的存储空间。而图的邻接表法结合了顺序存储和链式存储方法，大大减少了这种浪费。

所谓邻接表，就是对图 G 中的每个顶点 v 建立一个单链表，单链表中的第 i 个节点表示依附于顶点 v 的边（对于有向图则是以顶点 v 为尾的弧），这个单链表就称为顶点 v 的边表（对于有向图则称为出边表）。边表的头指针和顶点的数据信息采用顺序存储（称为顶点表），所以在邻接表中存在两种节点：顶点表节点和边表节点，如图 2-32 所示。

图 2-32　邻接表法存储图

顶点表节点由顶点域(data)和边表头指针(firstarc)构成,边表(邻接表)节点由邻接点域(adjvex)和指向下一条邻接边的指针域(nextarc)构成。

无向图和有向图的邻接表的实例分别如图 2-33 和图 2-34 所示。

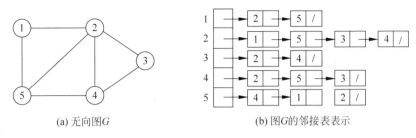

(a) 无向图 G　　　　　　　　　(b) 图 G 的邻接表表示

图 2-33　无向图邻接表法存储图

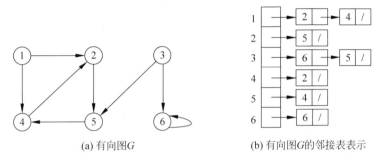

(a) 有向图 G　　　　　　　　　(b) 有向图 G 的邻接表表示

图 2-34　有向图邻接表法存储图

图的邻接表存储方法具有以下特点。

(1) 如果 G 为无向图,则所需的存储空间为 $O(|V|+2|E|)$;如果 G 为有向图,则所需的存储空间为 $O(|V|+|E|)$。前者的倍数 2 是由于在无向图中,每条边在邻接表中出现了两次。

(2) 对于稀疏图,采用邻接表表示将极大地节省存储空间。

(3) 在邻接表中,给定一个顶点,能很容易地找出它的所有邻边,因为只需要读取它的邻接表就可以了。在邻接矩阵中,相同的操作则需要扫描一行。但是,如果要确定给定的两个顶点间是否存在边,则在邻接矩阵中可以立刻查到,但在邻接表中需要在相应节点对应的边表中查找另一节点,效率较低。

(4) 在有向图的邻接表表示中,要求一个给定顶点的出度,只需计算其邻接表中的节点个数即可;但若要求其顶点的入度,则需要遍历全部的邻接表。因此,也有人采用逆邻接表的存储方式来加速求解给定顶点的入度。当然,这实际上与邻接表存储方式是类似的。

(5) 图的邻接表表示并不唯一,这是因为在每个顶点对应的单链表中,各边节点的链接次序可以是任意的,取决于建立邻接表的算法以及边的输入次序。

2.5.3　图的基本操作

图是一种与具体应用密切相关的数据结构,它的基本操作往往随应用的不同而有很大的差别。下面给出一个图的抽象数据类型定义的例子,为简单起见,基本操作仅包含图的遍历,针对具体应用,需要重新定义其基本操作,伪代码如下:

```
ADT Graph
        Data
                顶点的有穷非空集合和边的集合
        Operation
InitGraph
                前置条件:图不存在
                输入:无
                功能:图的初始化
                输出:无
                后置条件:构造一个空的图

DestroyGraph
前置条件:图已存在
                输入:无
                功能:销毁图
                输出:无
                后置条件:释放图所占用的存储空间
DFSTraverse
                前置条件:图已存在
                输入:遍历的起始顶点 v
                功能:从顶点 v 出发深度优先遍历图
                输出:图中顶点的一个线性排列
                后置条件:图保持不变
BFSTraverse
                前置条件:图已存在
                输入:遍历的起始顶点 v
                功能:从顶点 v 出发广度优先遍历图
                输出:图中顶点的一个线性排列
                后置条件:图保持不变
                endADT
```

图的建立过程如图 2-35 所示。

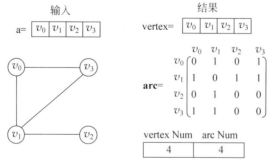

图 2-35　建立图的过程图

图的基本操作是独立于图的存储结构的。而对于不同的存储方式，操作算法的具体实现会有不同的性能。请根据上述的存储方式，考虑如下具体算法如何实现，以及采用何种存储方式的算法效率会更高。

图的基本操作如下（因仅作抽象考虑，故忽略掉各变量的类型）。

（1）Adjacent(Gx,y)：判断图 G 是否存在边< x,y >或(x,y)。

（2）Neighbors(Gx)：列出图 G 中与节点 x 邻接的边。

（3）InsertVertex(Gx)：在图 G 中插入顶点 x。

（4）DeleteVertex(Gx)：从图 G 中删除顶点 x。

（5）AddEdge(Gx,y)：如果无向边(x,y)或有向边< x,y >不存在,则向图 G 中添加该边。

（6）RemoveEdge(Gx,y)：如果无向边(x,y)或有向边< x,y >存在,则从图 G 中删除该边。

（7）FirstNeighbor(Gx)：求图 G 中顶点 x 的第一个邻接点,若有,则返回顶点号;若 x 没有邻接点或图中不存在 x,则返回−1。

（8）NextNeighbor(Gx,y)：假设图 G 中顶点 y 是顶点 x 的一个邻接点,返回除 y 之外顶点 x 的下一个邻接点的顶点号,若 y 是 x 的最后一个邻接点,则返回−1。

（9）Get_edge_value(Gx,y)：获取图 G 中边(x,y)或< x,y >对应的权值。

（10）Set_edge_value(Gx,y,v)：设置图 G 中边(x,y)或< x,y >对应的权值为 v。

此外,还有图的遍历算法,即按照某一种方式访问图中每一个顶点且仅访问一次。

2.5.4　图应用案例

图的实际应用包括最小生成树、最短路径、拓扑排序和关键路径等方法。以下实际应用有助于理解建图和图的遍历过程,具体代码如下:

```
class Vertext():                              # 包含了顶点信息,以及顶点连接边
    def __init__(self,key):                   #key 表示添加的顶点
        self.id = key
        self.connectedTo = {}                 # 初始化临界列表
    def addNeighbor(self,nbr,weight = 0):     # 这个是赋值权重的函数
        self.connectedTo[nbr] = weight
        def __str__(self):
        return str(self.id) + 'connectedTo:' + str([x.id for x in self.connectedTo])
        def getConnections(self):
#得到这个顶点所连接的其他所有顶点 (keys 类型是 class)
        return self.connectedTo.keys()
        def getId(self):                      # 返回自己的 key
        return self.id
        def getWeight(self,nbr):              #返回所连接 nbr 顶点的权重是多少
        return self.connectedTo[nbr]
```

存储图的存储是用邻接表实现的,其数据结构为:

```
{
            key:Vertext(){
                self.id = key
                self.connectedTo{
                    相邻节点类实例 : 权重
                                        ...
                }
            }
    }
    '''
    def __init__(self):
        self.vertList = {}                    # 邻接列表
        self.numVertices = 0                  # 顶点个数初始化
```

```
        def addVertex(self,key):                    # 添加顶点
            self.numVertices = self.numVertices + 1   # 顶点个数累加
            newVertex = Vertext(key)                  # 创建一个顶点的邻接矩阵
            self.vertList[key] = newVertex
            return newVertex
        def getVertex(self,n):                        # 通过 key 查找定点
            if n in self.vertList:
                return self.vertList[n]
            else:
                return None
    def __contains__(self,n):
    # transition:包含 => 返回所查询顶点是否存在于图中
            #print( 6 in g)
            return n in self.vertList
        def addEdge(self,f,t,cost = 0):               # 添加一条边
            if f not in self.vertList:                # 如果没有边,就创建一条边
                nv = self.addVertex(f)
            if t not in self.vertList:                # 如果没有边,就创建一条边
                nv = self.addVertex(t)
                if cost == 0:
    # cost == 0 代表没有传入参数,而使用默认参数 0,即是无向图
                self.vertList[f].addNeighbor(self.vertList[t],cost)
    # cost 是权重,无向图为 0
                self.vertList[t].addNeighbor(self.vertList[f],cost)
            else:
                self.vertList[f].addNeighbor(self.vertList[t],cost)      # cost 是权重
        def getVertices(self):                        # 返回图中所有的顶点
            return self.vertList.keys()
        def __iter__(self):    #return => 将顶点一个一个地迭代取出
            return iter(self.vertList.values())
```

2.6　作业与思考题

1. 单选题

(1) 数据在计算机存储器内表示时,物理地址和逻辑地址相同并且是连续的,称为(　　)。

　　A. 存储结构　　　　　　　　　　　B. 逻辑结构

　　C. 顺序存储结构　　　　　　　　　D. 链式存储结构

(2) 已知单链表的每个节点包括一个指针域 next,它指向该节点的后继节点。先要将指针 q 指向的新节点插入到指针 p 指向的节点之后,下面的操作序列中正确的是(　　)。

　　A. q＝p. next; p. next＝q. next;　　B. p. next＝q. next; q＝p. next;

　　C. q. next＝p. next; p. next＝q;　　D. p. next＝q; q. next＝p. next;

(3) 带头节点的单链表 L 为空的条件是(　　)。

　　A. L!＝NULL　　　　　　　　　　B. L＝＝NULL

　　C. L. next＝＝NULL　　　　　　　D. L. next＝＝L

(4) 有 6 个元素按 6、5、4、3、2、1 的顺序进栈,进栈过程中可以出栈,则以下可能的出栈序列是(　　)。

A. 1、4、3、5、2、6
B. 6、5、4、3、2、1

C. 3、1、4、2、6、5
D. 3、6、5、4、2、1

(5) 以下不属于栈的基本运算的是(　　)。

A. 删除栈顶元素
B. 删除栈底元素

C. 判断栈是否为空
D. 将栈置为空栈

2. 填空题

(1) 在线性结构、树结构和图结构中,前驱节点和后继节点之间分别存在着_____、_____和_____的联系。

(2) 若顺序循环队列长度为 n,其队头和队尾指针分别用 front 和 rear 表示,则判断队满的条件是_____。

(3) 设有一个顺序栈 S,元素 a_1,a_2,a_3,a_4,a_5,a_6 依次进栈,如果6个元素的出栈顺序为 a_2,a_3,a_4,a_6,a_5,a_1,则顺序栈的容量至少应为_____。

(4) 树中任意节点允许有_____节点,除根节点外,其余节点_____双亲节点。

(5) 在一个有向图的邻接表中,每个顶点单链表中节点的个数等于该顶点的_____。

3. 操作题

(1) 在带头节点的单链表 L 中,删除所有值为 x 的节点,假设值为 x 的节点不唯一,试编写算法以实现上述操作。

(2) 链队列的数据结构形式如下,请实现链队列的入队和出队操作函数。front、rear 分别是链队列的队头节点、队尾节点。

(3) 假设以顺序存储结构实现一个双向栈,即在一维数组的存储空间中存在着两个栈,它们的栈底分别设在数组的两个端点。试编写实现这个双向栈 tws 的 3 个操作:初始化 inistack(tws)、入栈 push(tws,i,x)和出栈 pop(tws,i)的算法,其中 i 为 0 或 1,用于分别指示设在数组两端的两个栈。

(4) 二叉树按层打印,同时输出格式满足:打印完一层要换行,每一行的行首标明:level i(i=1,2,3)。

输出打印为:

```
level1: 1
level2: 2 3
level3: 4 5
```

(5) 建立一个包括顶点的个数、边的条数、顶点与边之间的关系的文件。根据这些数据从指定文件中按格式输入数据,并根据输入的相关信息建立对应的无向图邻接矩阵并显示出来。

第3章

排 序 问 题

3.1 排序概述

3.1.1 什么是排序

排序是计算机程序中的一种重要操作,排序就是将一组杂乱无章的数据按照一定的规律(升序或降序)组织起来,它的功能是将一个数据元素的任意序列,重新排列成一个按关键字有序的序列。排序算法是指一种能将一串记录序列按照某种特定的方式进行调整的方法。

如果是记录,则既可以按照记录的主关键字排序(主关键字唯一标识一条记录,如学生记录中的学号就是主关键字,学号不能重复,用来唯一标识一个学生),也可以按照记录的次关键字排序(如学生记录中的姓名、专业等都是次关键字,次关键字可以是重复的)。

试想一下,如何让计算机将 7,6,3,4,2,5,1 排成从小到大的序列? 就算完全没有排序算法的概念,相信读者也能找到办法来解决这个问题。有些读者可能已经学过一些简单的排序方法,比如起泡排序、直接插入排序等,这些简单排序方法都可以很好地解决前面这种数据量比较小的排序问题。那么现在换个问题:要对 Google 的搜索关键词进行排序,选出十大热门关键词,该如何实现? 对于这类数据量很大的问题,排序算法的效率就非常关键了。

3.1.2 排序的分类

由于待排序的记录数量不同,使得排序过程中涉及的存储器不同,根据排序过程中所有记录是否全部都存放在内存中,把排序方法分为内排序和外排序。

1. 内排序

内排序是指在排序的整个过程中,待排序的所有记录全部放在内存中;内排序的方法很多,但就全面性能而言,很难提出一种被认为最好的方法,每一种方法都有各自的优缺点,适合在不同的环境下使用。按照排序过程中依据的不同原则对内排序方法进行分类,大致分为插入排序、交换排序、选择排序、归并排序4类。

（1）插入排序。在一个已经有序的序列中，插入一个新的关键字，就好比军训排队，已经排好了一个纵队。这时，有人要临时加入到这个队列中，于是教官大声喊道："新来的，迅速找到你的位置，入队！"于是新来的人"插入"到这个队伍的合适位置。这就是插入类的排序。属于这类排序的有直接插入排序、折半插入排序、希尔排序。

（2）交换排序。交换排序的核心是交换，即每一趟排序，都通过一系列的交换动作，让一个关键字排到它最终的位置上。还是军训排队的例子，设想军训刚开始，一群学生要排队，教官说："你比你旁边的高，你俩换一下。怎么换完还比下一个高？继续换……"最后这个人将被换到合适的位置。这就是交换排序。属于这类排序的有起泡排序（比高矮排队的例子）、快速排序。

（3）选择排序。选择排序的核心是选择，即每一趟排序都选出一个最小（或最大）的关键字，把它和序列中第一个（或最后一个）关键字交换，直到最小（或最大）的关键字到位。继续以军训排队的例子说明。教官说："你们都站着别动，我看谁个子最小。"然后教官选出个子最小的同学，说："第一个位置是你的了，你和第一个同学换一下，剩下的同学我继续选。"这就是选择排序。属于这类排序的有简单选择排序、堆排序。

（4）归并排序。所谓归并，就是将两个或两个以上的有序序列合并成一个新的有序序列，归并排序就是基于这种思想。继续以排队的例子说明。这次教官想了个特别的方法，他说："你们每个人，先和旁边的人组成一个二人组，二人组内部先排好。"看到大家排好了，又说："二人组和旁边的二人组继续组合成一个四人组，每个四人组内部排好队，动作要快！"这样不停排下去，最后全部学生都归并到了一组中，同时也完成了排序，这就是归并排序。这个例子正是二路归并排序，特点是每次都把两个有序序列归并成一个新的有序序列。

2．外排序

外排序是指待排序的记录数量很大，以至于内存一次不能容纳全部记录，整个排序过程需要在内外存之间多次交换数据才能得到排序的结果。本章集中讲解内排序的知识点。根据排序方法是否建立在关键字比较的基础上，排序方法分为以下几类。

（1）基于比较：主要通过关键字之间的比较和记录的移动实现。

（2）不基于比较：根据待排序数据的特点所采取的其他方法。

3.1.3 排序算法的性质与性能

1．稳定性

所谓稳定性，是指当待排序序列中有两个或两个以上相同的关键字时，排序前和排序后这些关键字的相对位置，如果没有发生变化就是稳定的，否则是不稳定的。如果关键字 $K_i==K_j$，并且 $i<j$，则称关键字 K_i 在 K_j 之前。如果在排序之后，K_i 依然在 K_j 之前，则为稳定排序；反之为不稳定排序。例如，某序列中有两个关键字都是40，现在以40(a)和40(b)区分它们，用算法A对其进行排序，排序前40(a)在40(b)之前，如果排序后40(a)仍然在40(b)之前，则算法A是稳定的；如果能找到另外一种算法B，使排序后40(a)在40(b)之后，则算法B是不稳定的。

如果关键字不能重复，那么排序结果是唯一的。此时所选择的排序算法稳定与否就是无关紧要的；如果关键字可以重复，则在选择排序算法时，应根据具体的需求来考虑选择稳定的还是不稳定的排序算法。

（1）稳定排序算法有起泡排序、插入排序、归并排序、基数排序。

（2）不稳定排序算法有快速排序、希尔排序、简单选择排序、堆排序。

2. 排序算法的性能评价

时间复杂度和空间复杂度是衡量一个排序算法好坏的主要标准，所以在写代码时，目标就是写出运行速度快、占用空间少的代码，这样的代码就是理想型代码。算法的时间复杂度表示常见的有常数阶 $O(1)$、对数阶 $O(\log n)$、线性阶 $O(n)$、线性对数阶 $O(n\log n)$、平方阶 $O(n^2)$、立方阶 $O(n^3)$……k 次方阶 $O(n^k)$、指数阶 $O(2^n)$ 和阶乘阶 $O(n!)$。常见的算法的时间复杂度之间的关系为：

$$O(1) < O(\log n) < O(n) < O(n\log n) < O(n^2) < O(2^n) < O(n!) < O(n^n)$$

排序算法的空间复杂度是对一个排序算法在运行过程中临时占用存储空间大小的一个量度（即除去原始序列大小的内存，在算法过程中用到的额外的存储空间）。在排序算法的时间复杂度分析中，通常会考虑排序算法在最好、最坏和平均情况下的时间复杂度。

3.2 插入排序

插入排序算法的思想是：每趟将一个元素按其关键字值的大小插入到它前面已排序的子序列中，如此重复，直到插入全部元素。

插入排序算法有直接插入排序和希尔排序。

3.2.1 直接插入排序

直接插入排序是将新的数据插入到已排好序的数列中，排序的基本方法是：每一步将一个待排序的元素，按其排序码的大小，插入到前面已经排好序的一组元素中的适当位置，直到元素全部插入为止。

1. 直接插入排序过程

直接插入排序就是从无序表中取出相应元素，把它插入到有序表的合适位置，使有序表仍然有序，其排序过程如下。

（1）第一趟比较前两个数，然后将第二个数按大小插入到有序表中。

（2）第二趟对第三个数据与前两个数从后向前扫描，把第三个数按大小插入到有序表中。

（3）如此进行下去，进行了 $n-1$ 趟扫描以后就完成了整个排序过程。

直接插入排序是由两层嵌套循环组成的。外层循环标识并决定待比较的数值。内层循环比较数值从而确定其最终位置。直接插入排序将待比较的数值与它的前一个数值进行比较，所以外层循环是从第二个数值开始的。在前一数值比待比较数值大的情况下继续循环比较，直到找到比待比较数值小的数值并将待比较数值置入其后的位置，结束该次循环。

【**例 3-1**】 数组数据为{50，70，30，20，10，70，40，60}，采用直接插入排序方法对其进行升序排列，其过程如表 3-1 所示。

表 3-1 直接插入排序过程

第一趟	50	70	30	20	10	70	40	60
第二趟	30	50	70	20	10	70	40	60
第三趟	20	30	50	70	10	70	40	60
第四趟	10	20	30	50	70	70	40	60
第五趟	10	20	30	50	70	70	40	60
第六趟	10	20	30	40	50	70	70	60
第七趟	10	20	30	40	50	60	70	70
第八趟	10	20	30	40	50	60	70	70

根据例 3-1 可以总结出直接插入排序的算法思想：每趟将一个待排序的关键字按照其值的大小插入到已经排好的部分有序序列的适当位置，直到所有待排关键字都被插入到有序序列中为止。

2. 直接插入排序算法代码

```
def insertSort(a, length):
    for i in range(1, length):
        if a[i-1] > a[i]:
        t = a[i]
        j = i-1
        while a[j] > t and j >= 0:
            a[j+1] = a[j]
            j = j-1
        a[j+1] = t
b = [70,50,30,20,10,70,40,60]
insertSort(b, len(b))
print(b)
```

运行结果：

```
[10,20,30,40,50,60,70,70]
```

3. 直接插入排序算法分析

衡量排序算法性能的重要指标是排序算法的时间复杂度和空间复杂度，排序算法的时间复杂度由算法执行中的元素比较次数和移动次数确定。

设数据序列有 n 个元素，直接插入排序算法执行 $n-1$ 趟，每趟的比较次数和移动次数与数据序列的初始排列有关。以下分 3 种情况分析直接插入排序算法的时间复杂度。

(1) 最好情况。一个排序的数据序列，如 $\{1,2,3,4,5,6,\}$，每趟元素 a_i 与 a_{i-1} 比较 1 次，移动 2 次（keys[i] 到 temp 再返回），直接插入排序算法比较次数为 $n-1$，移动次数为 $2(n-1)$，时间复杂度为 $O(n)$。

(2) 最坏情况。一个反序排列的数据序列，如 $\{6,5,4,3,2,1\}$，第 i 趟插入元素 a_i 比较 i 次，移动 $i+2$ 次。直接插入排序算法比较次数 C 和移动次数 M 的计算见式(3-1)和式(3-2)，时间复杂度为 $O(n^2)$。

$$C = \sum_{i=1}^{n-1} i = \frac{n(n-1)}{2} \approx \frac{n^2}{2} \tag{3-1}$$

$$M = \sum_{i=1}^{n-1} (i+2) = \frac{(n-1) \times (n+4)}{2} \approx \frac{n^2}{2} \tag{3-2}$$

（3）随机排列。一个随机排列的数据序列，第 i 趟插入元素 a_i，在等概率情况下，在子序列 $\{a_0,a_1,\cdots,a_{i-1}\}$ 中查找 a_i 平均比较 $(i+1)/2$ 次，插入 a_i 平均移动 $i/2$ 次，直接插入排序算法比较次数 C 和移动次数 M 的计算见式(3-3)和式(3-4)，时间复杂度为 $O(n^2)$。

$$C = \sum_{i=1}^{n} \frac{i+1}{2} = \frac{1}{4}n^2 + \frac{3}{4}n + 1 \approx \frac{n^2}{4} \tag{3-3}$$

$$M = \sum_{i=1}^{n} \frac{i}{2} = \frac{n \times (n+1)}{2} \approx \frac{n^2}{4} \tag{3-4}$$

总之，直接插入排序算法的时间效率为 $O(n) \sim O(n^2)$，数据序列的初始排列越接近有序，直接插入排序的时间效率越高。

直接插入排序算法中的 temp 占用一个存储单元，空间复杂度为 $O(1)$。直接插入排序算法是一种稳定的排序算法，具有以下特点：

（1）直接插入排序算法简单、容易实现，适用于待排序记录基本有序或待排序记录个数较少时。

（2）当待排序的记录个数较多时，大量的比较和移动操作使直接插入排序算法的效率降低。

3.2.2　希尔排序

希尔排序是 D. L. Shell 在 1959 年提出的，又称为缩小增量排序，其基本思想是分组的直接插入排序。由直接插入排序算法分析可知，若数据序列接近有序，则时间效率越高；再者，当 n 较小时，时间效率也较高。

1. 希尔排序算法介绍

希尔排序的本质也是插入排序，只不过是将待排序列按某种规则分成几个子序列，分别对这几个子序列进行直接插入排序。这个规则的差别在于增量的选取，如果增量为 1，就是直接插入排序。例如，先以增量 5 来分割序列，即将下标为 0、5、10、15、……的关键字分成一组，将下标为 1、6、11、16、……的关键字分成另一组等，然后分别对这些组进行直接插入排序，这就是一趟希尔排序。将上面排好序的整个序列，再以增量 2 分割，即将下标为 0、2、4、6、……的关键字分成一组，将下标为 1、3、5、7、9、……的关键字分成另一组等，然后分别对这些组进行直接插入排序，就完成了一趟希尔排序。最后以增量 1 分割整个序列，其实就是对整个序列进行一趟直接插入排序，从而完成希尔排序。

希尔排序的基本思想是：将整个待排序记录分割成若干个子序列，在子序列内分别进行直接插入排序，待整个序列中的记录基本有序时，对全体记录进行直接插入排序。

【例 3-2】 以序列 $\{10,50,30,20,70,70,40,60\}$ 为例，该序列的希尔排序过程如表 3-2所示。

表 3-2　希尔排序过程

第一趟	10	50	30	20	70	70	40	60
第二趟	10	20	30	50	40	60	70	70
第三趟	10	20	30	40	50	60	70	70
第四趟	10	20	30	40	50	60	70	70

2. 希尔排序算法代码

```
a = [10,50,30,20,70,70,40,60]
b = len(a)
gap = b // 2
while gap >= 1:
    for i in range (b):
        j = i
        while j >= gap and a[j - gap] > a[j]:
a[j],a[j - gap] = a[j - gap],a[j]
            j -= gap
gap = gap//2
print(a)
```

运行结果：

```
[10,20,30,40,50,60,70,70]
```

3. 希尔排序算法分析

1）时间复杂度

在最坏情况下，每两个数都要比较并交换一次，则最坏情况下的时间复杂度为 $O(n^2)$；在最好情况下，数组是有序的，不需要交换，只需要比较，则最好情况下的时间复杂度为 $O(n)$。经大量研究发现，希尔排序的平均时间复杂度为 $O(n^{1.3})$。

2）空间复杂度

因为只需要一个变量用于两数的交换，与 n 的大小无关，所以希尔排序的空间复杂度为 $O(1)$。

希尔排序算法在比较过程中，会错过关键字相等元素的比较。因此，希尔排序算法是不稳定的。

3.3 交换排序

交换排序的主要操作是交换，在待排序列中选两个记录，对它们的关键字进行比较，如果反序（即排列顺序与排序后的次序正好相反），则交换它们的存储位置。

3.3.1 起泡排序

起泡排序是交换排序中最简单的排序方式，其基本思想是：两两比较相邻元素的关键字，如果反序则交换，直到没有反序的元素时为止。

1. 起泡排序过程

（1）从第一个元素开始逐个比较相邻的元素。如果第一个比第二个大（$a[1] > a[2]$），就交换它们两个。

（2）对每一对相邻元素做同样的工作，从开始的第一对到结尾的最后一对。此时在这一点，最后的元素应该是最大的数，我们将一遍这样的操作称为"一趟起泡排序"。

（3）针对所有元素重复以上的步骤，每一趟起泡排序的最大值已放在最后，下一次操作则不需要将此最大值纳入计算过程。

（4）持续每次对越来越少的元素重复上面的步骤，直到没有任何一对数字需要比较，即完成起泡排序。

【例 3-3】 以序列 $\{70,50,30,20,10,70,40,60\}$ 为例，该序列的起泡排序过程如表 3-3 所示。

表 3-3 起泡排序过程

第一趟	70	50	30	20	10	70	40	60
第二趟	50	30	20	10	70	40	60	70
第三趟	30	20	10	50	40	60	70	70
第四趟	20	10	30	40	50	60	70	70
第五趟	10	20	30	40	50	60	70	70
第六趟	10	20	30	40	50	60	70	70
第七趟	10	20	30	40	50	60	70	70

2. 起泡排序算法代码

```python
def bubbleSort(arr):
    n = len(arr)
    for i in range(n):
        # Last i elements are already in place
        for j in range(0, n - i - 1):
            if arr[j] > arr[j + 1]:
                arr[j], arr[j + 1] = arr[j + 1], arr[j]
arr = [64, 34, 25, 12, 22, 11, 90]
bubbleSort(arr)
print ("排序后的数组:")
for i in range(len(arr)):
print (" % d" % arr[i]),
```

运行结果如下：

```
排序后的数组:
11
12
22
25
34
64
90
```

3. 起泡排序算法分析

（1）最好情况。数据序列排序，只需一趟扫描，比较 n 次，没有数据移动，时间复杂度为 $O(n)$。

（2）最坏情况。数据序列随机排列和反序排列，需要 $n-1$ 趟扫描，比较次数和移动次数都是 $O(n^2)$，时间复杂度为 $O(n^2)$。

总之，数据序列越接近有序，起泡排序算法的时间效率越高，为 $O(n) \sim O(n^2)$。起泡排序需要一个辅助空间用于交换两个元素，空间复杂度为 $O(1)$。起泡排序算法是稳定的。其实起泡排序是八大排序算法中最简单及基础的排序，这个算法的名字由来是因为越大的元素会经由交换慢慢"浮"到数列的顶端（升序或降序排列），就如同碳酸饮料中二氧化碳的气泡最终会上浮到顶端一样，故得名"起泡排序"。

3.3.2 快速排序

快速排序是对起泡排序的一种改进。在起泡排序中,元素的比较和移动是在相邻单元中进行的,元素每次交换只能上移或下移一个单元,因而总的比较次数和移动次数较多。

快速排序的基本思想是:首先选一个基准值,通过一趟排序将待排序元素分割成独立的两部分,前一部分元素的关键字均小于或等于基准值,后一部分记录的关键字均大于或等于基准值,然后分别对这两部分重复上述方法,直到整个序列有序。

1. 快速排序过程

首先在数组中选择一个基准点,然后分别从数组的两端扫描数组,设两个指示标志(low 指向起始位置,high 指向末尾),首先从后半部分开始,若发现有元素比该基准点的值小,则交换 low 和 high 位置的值;然后从前半部分开始扫描,若发现有元素大于基准点的值,则交换 low 和 high 位置的值,如此往复循环,直到 low>=high,然后把基准点的值放到 high 这个位置。一次排序就完成了。可以看出,在第四趟时已经达到顺序排列,但还是会继续计算几趟直到完成全部运算。

【例3-4】 以序列{70,50,30,20,10,70,40,60}为例,该序列的快速排序过程如表 3-4 所示。

表 3-4 快速排序过程

第一趟	70	50	30	20	10	70	40	60
第二趟	60	50	30	20	10	40	70	70
第三趟	40	50	30	20	10	60	70	70
第四趟	10	20	30	40	50	60	70	70
第五趟	10	20	30	40	50	60	70	70

2. 快速排序算法代码

```
def partition(arr,low,high):
    i = ( low - 1 ) # 最小元素索引
    pivot = arr[high]
    for j in range(low ,high):
        if arr[j] <= pivot:
            i = i + 1
            arr[i],arr[j] = arr[j],arr[i]
    arr[i + 1],arr[high] = arr[high],arr[i + 1]
    return ( i + 1 )
def quickSort(arr,low,high):
    if low < high:
        pi = partition(arr,low,high)
        quickSort(arr,low, pi - 1)
        quickSort(arr, pi + 1, high)
arr = [10,7, 8, 9, 1, 5]
n = len(arr)
quickSort(arr,0,n - 1)
print ("排序后的数组:")
for i in range(n):
print (" % d" % arr[i]),
```

运行结果如下:

排序后的数组：
1
5
7
8
9
10

3．快速排序算法分析

快速排序的执行时间与数据序列的初始排列及基准值的选取有关。

（1）在最好情况下，每趟排序将序列分成长度相近的两个子序列，时间复杂度为 $O(n \times \log_2 n)$。

（2）在最坏情况下，每趟将序列分成长度差异很大的两个子序列，时间复杂度为 $O(n^2)$。

例如，设一个排序数据序列有 n 个元素，若选取序列的第一个值作为基准值，则第一趟得到的两个子序列长度分别为 0 和 $n-1$，比较次数为

$$C = \sum_{i=1}^{n-1}(n-i) = \frac{n \times (n-1)}{2} \approx \frac{n^2}{2} \tag{3-5}$$

快速排序选择基准值还有其他多种方法，如可以选取序列的中间值等。由于序列的初始排列是随机的，所以不管如何选择基准值，总会存在最坏情况。此外，快速排序还要在执行递归函数的过程中花费一定的时间和空间，使用栈保存参数，栈所占用的空间与递归调用的次数有关，空间复杂度为 $O(\log_2 n) \sim O(n)$。

总之，当 n 较大且数据序列随机排列时，快速排序是"快速"的；当 n 很小或基准值选取不合适时，快速排序则较慢。快速排序算法是不稳定的。

3.4　选择排序

每趟排序在当前待排序序列中选出关键字最小的元素，添加到有序序列中。选择排序的特点是元素移动的次数较少。选择排序算法分为两种：简单选择排序和堆排序。

3.4.1　简单选择排序

简单选择排序的基本思想是：第 i 趟（$1 \leqslant i \leqslant n-1$）排序在待排序序列 $r[i] \sim r[n]$ 中选取最小元素，并和第 i 个元素交换。

1．简单选择排序过程

（1）设置两个元素 i 和 j，i 自数组第一个元素开始，j 自第 $i+1$ 个元素开始。

（2）接着 j 遍历整个数组，选出整个数组最小的值，并让这个最小的值和 i 的位置交换（如果 i 选择的元素是最小的，则不需要交换），这个过程称为一趟选择排序。

（3）i 选中下一个元素（$i++$），重复进行每一趟选择排序。

（4）重复上述步骤，使得 i 到达 $n-1$ 处，即完成排序。

【例 3-5】 以序列 $\{2,10,9,4,8,1,6,5\}$ 为例，该序列的简单选择排序过程如表 3-5 所示。

表 3-5　简单选择排序过程

开始数据	2	10	9	4	8	1	6	5
第一趟	1	10	9	4	8	2	6	5
第二趟	1	2	9	4	8	10	6	5
第三趟	1	2	4	9	8	10	6	5
第四趟	1	2	4	5	8	10	6	9
第五趟	1	2	4	5	6	10	8	9
第六趟	1	2	4	5	6	8	10	9
第七趟	1	2	4	5	6	8	9	10

2. 简单选择排序算法代码

```
def select_sort(origin_items, comp = lambda x, y: x < y ):
    '''简单选择排序'''
    items = origin_items[:]
    for i in range(len(items) - 1):
        min_index = i
        for j in range(i + 1, len(items)):
            if comp(items[j], items[min_index]):
                min_index = j
        items[i], items[min_index] = items[min_index], items[i]
    return items
print(select_sort([9,3,5,2,1,10,24,30]))
```

运行结果如下：

```
[1,2,3,5,9,10,24,30]
```

3. 选择排序算法分析

简单选择排序的比较次数与数据序列的初始排列无关，第 i 趟排序的比较次数是 $n-i$；移动次数与初始排列有关，正序排列的数据排序序列移动 0 次；反序排列的数据序列，每趟排序都要交换，移动 $3(n-1)$ 次。因此其最坏情况下的时间复杂度为 $O(n^2)$。简单选择排序的空间复杂度为 $O(1)$。简单选择排序算法是不稳定的。

3.4.2　堆排序

堆排序是由 1991 年计算机先驱奖获得者、斯坦福大学计算机科学系教授罗伯特·弗洛伊德和威廉姆斯在 1964 年共同提出的。

1. 什么是堆

堆是一种非线性的数据结构，可以把堆看作一个数组。堆是一种特殊的二叉树，也可以被看作一个完全二叉树。通俗来讲，堆其实就是利用完全二叉树的结构维护的一维数组，每个子节点的值总是小于(或者大于)它的父节点。相应地，按照堆的特点可以把堆分为大顶堆和小顶堆。

(1) 大顶堆：每个节点的值都大于或等于其左右孩子节点的值。

(2) 小顶堆：每个节点的值都小于或等于其左右孩子节点的值。

这种特性与二叉排序树很相似。这种特殊的数据结构便于快速访问到需要的值，如优先队列就使用堆进行处理。

堆排序是指利用这种数据结构设计的一种排序算法。

2. 堆排序的基本思想

把待排序的元素按照大小在二叉树位置上排列（使用数组模拟，不一定要使用二叉树），排序好的元素要满足：父节点的元素要大于或等于其子节点，这个过程叫作堆化过程。如果根节点存放的是最大的数，则叫作大顶堆。如果根节点存放的是最小的数，叫作小顶堆。根据这个特性（大顶堆根最大，小顶堆根最小），可以把根节点拿出来，然后进行堆化；再把根节点拿出来，一直循环到最后一个节点，就排好序了。

3. 堆排序过程

（1）将待排序序列构造成一个大顶堆。

（2）此时整个序列的最大值就是顶堆的根节点。

（3）将其与末尾元素进行交换，此时末尾就为最大值。

（4）然后将剩余 $n-1$ 个元素重新构造成一个堆，这样会得到 n 个元素的次小值。如此反复执行，便能得到一个有序序列了。

以数组$\{4,6,8,5,9\}$为例，堆排序中的大顶堆排序过程如下：

（1）假设给定无序序列数组结构为

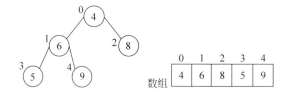

（2）此时从最后一个非叶子节点开始（叶子节点自然不用调整，第一个非叶子节点 arr.length/2-1=5/2-1=1，也就是下面的节点），从左至右、从下至上进行调整，观察 6 的两个子节点，从右至左，9 大于 6 就和 6 互换。

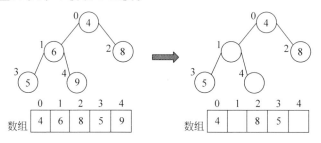

（3）找到第二个非叶子节点 4，由于$\{4,9,8\}$中 9 元素最大，所以 4 和 9 交换。

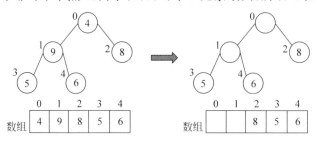

（4）此时，交换导致了子根$\{4,5,6\}$结构混乱，继续调整，$\{4,5,6\}$中 6 最大，交换 4 和 6。

（5）此时就将一个无序数组构造成了一个大顶堆。

以数组$\{4,6,8,5,9\}$为例，堆排序中的小顶堆排序过程如下：

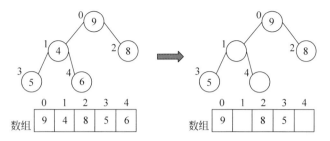

将堆顶元素与末尾元素进行交换,使末尾元素最大,然后继续调整堆,再将堆顶元素与末尾元素交换,得到第二大元素,如此反复进行交换—重建—交换的过程。

(1)将堆顶元素 9 和末尾元素 4 进行交换。

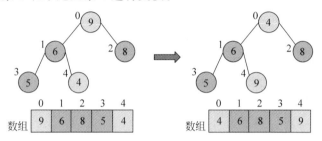

(2)重新调整结构,使其继续满足堆定义。

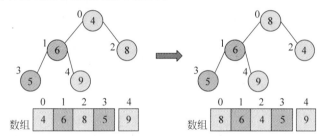

(3)再将堆顶元素 8 与末尾元素 5 进行交换,得到第二大元素 8。

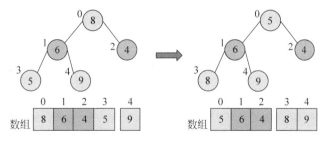

(4)继续进行调整、交换,如此反复进行,最终使得整个序列有序。

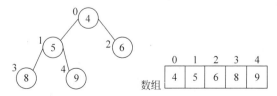

(5)此时就将一个大顶堆构造成了一个小顶堆。

4. 堆排序算法代码

```python
def heapify(arr, n, i):
    largest = i
    l = 2 * i + 1                              # left = 2 * i + 1
    r = 2 * i + 2                              # right = 2 * i + 2
    if l < n and arr[i] < arr[l]:
        largest = l
    if r < n and arr[largest] < arr[r]:
        largest = r
    if largest != i:
        arr[i],arr[largest] = arr[largest],arr[i]    # 交换
        heapify(arr, n, largest)
def heapSort(arr):
    n = len(arr)
    # Build a maxheap.
    for i in range(n, -1, -1):
        heapify(arr, n, i)
    # 一个个交换元素
    for i in range(n-1, 0, -1):
        arr[i], arr[0] = arr[0], arr[i]         # 交换
arr = [ 12, 11, 13, 5, 6, 7]
heapSort(arr)
n = len(arr)
print ("排序后")
for i in range(n):
print ("%d" % arr[i]),
```

运行结果如下：

排序后 5 6 7 11 12 13

5. 堆排序算法分析

堆排序的运行时间主要是消耗在构建堆和在重建堆时的反复筛选上。在构建堆的过程中，因为是从完全二叉树最下层的非叶子节点开始构建的，将它与其孩子节点进行比较和必要的互换，对于每个非叶子节点来说，其实最多会进行 2 次比较和互换，故初始化堆的时间复杂度为 $O(n)$。在正式排序时，第 i 次取堆顶记录和重建堆需要 $O(\log i)$ 的时间（完全二叉树的某个节点到根节点的距离为 $\log(2i+1)$），并且需要取 $n-1$ 次堆顶记录，因此重建堆的时间复杂度为 $O(n\log n)$。所以总的来说，堆排序的时间复杂度为 $O(n\log n)$。由于堆排序对元素的排序状态不敏感，因此堆排序的最好时间复杂度、最坏时间复杂度和平均时间复杂度均为 $O(n\log n)$。

堆排序的空间复杂度为 $O(1)$。堆排序算法是不稳定的。

3.5　归并排序

归并排序的主要思想是将若干有序序列逐步归并，最终归并为一个有序序列。二路归并排序是归并排序中最简单的排序方法。

二路归并排序的基本思想是：将一个具有 n 个待排序记录的序列看成是 n 个长度为 1 的有序序列，然后进行两两归并，得到 $n/2$ 个长度为 2 的有序序列，再进行两两归并，得到

$n/4$ 个长度为 4 的有序序列……直至得到一个长度为 n 的有序序列。

1. 归并排序过程

归并排序的核心思想是将两个有序的数列合并成一个大的有序的序列。通过递归,层层合并,即为归并,归并排序的算法效率仅次于快速排序,是一种稳定的算法。归并排序需要建立两倍的数组空间,一般适用于对总体而言无序,但是各子项又相对有序(并不是完全乱序)的情况。

(1) 申请空间,使其大小为两个已经排序序列之和,该空间用来存放合并后的序列。

(2) 设定两个指针,最初位置分别为两个已经排序序列的起始位置。

(3) 比较两个指针所指向的元素,选择相对小的元素放入到合并空间,并将指针移动到下一位置。

(4) 重复步骤(3),直到某一指针超出序列尾,将另一序列剩下的所有元素直接复制到合并序列尾。

【**例 3-6**】 以序列{70,50,30,20,10,70,40,60}为例,该序列的归并排序过程如表 3-6 所示。

表 3-6 归并排序过程

第一趟	50	70	20	30	10	70	40	60
第二趟	20	30	50	70	10	40	60	70
第三趟	10	20	30	40	50	60	70	70
第四趟	10	20	30	40	50	60	70	70

2. 归并排序算法代码

```python
def merge_sort(alist):
    """归并排序算法"""
    n = len(alist)
    if n <= 1:
        return alist
    # 二分分解
    num = len(alist) // 2
    # left 采用归并排序后形成的有序的新列表
    left_li = merge_sort(alist[:num])
    # right 采用归并排序后形成的有序的新列表
    right_li = merge_sort(alist[num:])
    # 将两个有序的子序列合并成一个有序的整体
    left_pointer, right_pointer = 0, 0          # 定义两个指针
    result = []                                  # 定义一个空列表用于存放有序序列
    while left_pointer < len(left_li) and right_pointer < len(right_li):
        if left_li[left_pointer] < right_li[right_pointer]:
            result.append(left_li[left_pointer])
            left_pointer += 1
        else:
            result.append(right_li[right_pointer])
            right_pointer += 1
    # 如果左右数组长度不对称,则直接将剩余的元素添加到 result 中
    result += left_li[left_pointer:]
    result += right_li[right_pointer:]
    return result
if __name__ == "__main__":
```

```
        alist = [54, 26, 93, 17, 77, 31, 44, 55, 20, 99]
        sorted_alist = merge_sort(alist)
    print(sorted_alist)
```

运行结果如下：

[17,20,26,31,44,54,55,77,93,99]

3. 归并排序算法分析

n 个元素归并排序，每趟比较 $n-1$ 次，数据移动 $n-1$ 次，进行 $\log_2 n$ 趟排序，时间复杂度为 $O(n\log_2 n)$。归并排序需要 $O(n)$ 容量的附加空间，与数据序列的存储容量相同，空间复杂度为 $O(n)$。归并排序算法是稳定的。归并排序虽然看上去是稳定的而且时间复杂度不高，但在实际应用中，开辟大块的额外空间并且将两个数组的元素来回复制是比较耗时的，所以归并排序一般不用于内部排序。

3.6 排序算法的比较

本章介绍了 7 种不同的排序算法，其中插入排序包含直接插入排序、希尔排序，交换排序包含起泡排序、快速排序，选择排序包含简单选择排序、堆排序和归并排序，它们在时间复杂度、空间复杂度和稳定性上各有优势。并不存在绝对意义上的最优排序方法，应从时间复杂度、空间复杂度和是否稳定上比较这几种排序方法。

具有 $O(n^2)$ 时间复杂度的是简单选择排序、直接插入排序和起泡排序这 3 种排序算法。当元素规模 n 较小或基本有序时，它们是较好的排序方法。同时，由于相邻的两个元素总是进行比较，因此在比较两个关键字相等的元素时可以确定两者的相对位置，从而保证排序后它不会发生相对位置的变化，因此在理论上，这些时间复杂度为 $O(n^2)$ 的排序都是稳定的，然而简单选择排序在进行最小元素和第一个位置的元素的交换时，改变了被交换元素和其他元素的相对位置，因此简单选择排序是不稳定的，而直接插入排序和起泡排序是稳定的。

希尔排序是最早从 $O(n^2)$ 时间复杂度中提升的排序方法之一，它使用一个增量序列进行多次的规模逐渐变大的排序。在对规模较小序列的排序时使用直接插入排序将序列基本有序化，这样一来，在对规模较大序列的排序时就避免了过多的比较和交换，从而将时间复杂度减少到 $O(nd)$，其中 d 的取值同增量序列和排序对象的具体情况有关，在最差的情况下接近 2，即时间复杂度接近直接插入排序。由于希尔排序无法保证总是将相邻的两个元素进行比较，可能出现一个元素在排序过程中"跳跃"到和它等值且初始位置在前的另一个元素之前，因此，希尔排序是不稳定的。

在时间效率上表现较好的是快速排序、堆排序和归并排序 3 种排序算法，它们都使用分而治之的方法，将原序列分成两个部分，在排序过程中，这两个部分之间只进行复杂度为 $O(n)$ 的划分或归并操作，其他的比较或交换操作各自集中在两个部分内部，因此大大减少了比较或交换的次数。例如，堆排序在堆顶元素输出以后需要寻找下一个堆顶元素，在寻找的过程中不断地将问题规模减小，直到跳出循环；快速排序在寻找到基准后，序列被划分为两个部分，两个部分在内部各自进行比较交换，两个部分之间并没有进行比较。同样地，归并排序始终将规模减半再进行排序，在规模为 N 时再进行复杂度为 $O(n)$ 的归并操作。这

3 种排序均实现了 $O(n\log_2 n)$ 的时间复杂度。具体到实际的平均时间效率上,快速排序无疑是最佳的排序方法。

然而,在最坏情况下,快速排序的时间效率不如堆排序和归并排序,可能导致 $O(n^2)$ 的最差结果。此外,快速排序需要 $O(\log_2 n)$ 深度的栈空间,归并排序也需要 $O(n)$ 的额外空间。堆排序在空间复杂度上表现出色,仅需要常数个额外空间。

在稳定性上,归并排序是稳定的,而堆排序和快速排序是不稳定的。

因此,每一种排序都有其自身优点,适用于不同的情况。应该根据具体的条件,选择相应的排序方法,甚至将两种以上的排序方法结合使用,排序算法性能比较如表 3-7 所示。

表 3-7 排序算法性能比较

算法思路	排序算法	时间复杂度	最好情况	最坏情况	空间复杂度	稳定性
插入排序	直接插入排序	$O(n^2)$	$O(n)$	$O(n^2)$	$O(1)$	稳定
	希尔排序	$O(n\log_2 n)$			$O(1)$	不稳定
交换排序	起泡排序	$O(n^2)$	$O(n)$	$O(n^2)$	$O(1)$	稳定
	快速排序	$O(n\log_2 n)$	$O(n\log_2 n)$	$O(n^2)$	$O(\log_2 n)$	不稳定
选择排序	简单选择排序	$O(n^2)$	$O(n^2)$	$O(n^2)$	$O(1)$	不稳定
	堆排序	$O(n\log_2 n)$	$O(n\log_2 n)$	$O(n\log_2 n)$	$O(1)$	不稳定
归并排序	归并排序	$O(n\log_2 n)$	$O(n\log_2 n)$	$O(n\log_2 n)$	$O(n)$	稳定

3.7 作业与思考题

1. 有序列 $\{53,88,170,257,466,66,512,890,999,69\}$,写出采用希尔排序对该序列升序排序第二趟的结果。

2. 有序列 $\{10,5,23,67,81,6,12,1,9\}$,使用堆排序算法进行升序排序,写出每一趟排序后的结果。

3. 有序列 $\{28,4,6,46,87,58,51,24\}$,使用归并排序算法进行降序排序,写出第二趟排序后的结果。

4. 在本章学习的 7 种排序中,稳定排序方法有哪些?

5. 对 n 个关键字进行堆排序,最坏情况下的时间复杂度是多少?

6. 对序列 $\{28,16,32,12,60,2,5,7\}$ 进行升序快速排序,写出第一趟排序后的结果。

7. 在本章学习的 7 种排序中,不稳定排序方法有哪些?

8. 对序列 $\{15,9,7,8,20,-1,4\}$ 进行排序,进行一趟排序后关键字序列变为 $\{9,15,7,8,20,-1,4\}$,采用的是什么算法?

第4章

查 找 问 题

前几章主要介绍了各种常见的线性和非线性的数据结构,并讨论了数据结构的相关操作。在实际应用中,查找操作也是一种非常常见的操作。例如,人们平时在购物平台查找和挑选商品;学生在火车购票时查询余票;学生在学校选课查找课程等。本章将着重讨论另一重要的数据结构——查找表,并介绍相关的算法和操作,比较各种查找算法在不同情况下的优劣。

4.1 查找概念和性能分析

4.1.1 查找的基本概念

在平时生活中,查找是在某种条件下,寻找所需"信息"的过程。在计算机科学中,查找是根据给定的条件,在计算机内存数据集合中筛选所需信息,这些元素的集合有不同的形式,例如数组、链表、树、图等。于是可以给出查找的定义如下:查找(searching)是在由相同类型的元素构成的集合中查找满足给定条件的元素。若在查找集合中找到了与给定值相匹配的元素,则称查找成功;否则,称查找失败。由许多相同类型的元素构成的集合为查找表(search table)。

一般对于查找表会有以下几种操作:

(1) 查询某个元素是否在查找表中。

(2) 在查找表中插入新的元素。

(3) 在查找表中删除原有的元素。

根据查找表的查找操作,也可以对查找表进行分类:对于只进行查找操作,而不涉及插入和删除操作的查找表,称为静态查找表(static search table),相应的查找操作称为静态查找(static search);若在进行查找操作的同时也会进行插入新元素或者删除元素的操作,则称此类表为动态查找表(dynamic search table),对应的查找为动态查找(dynamic search)。

了解了查找表的分类,还需要清楚两种不同查找表的适用情况,静态查找适用于如下情形:

（1）查找集合一经生成，便只对其进行查找，而不进行插入和删除操作。

（2）经过一段时间的查找之后，集中地进行插入和删除等修改操作。

动态查找适用于查找、插入和删除操作在同一个阶段进行的情形。例如，在某些问题中，当查找成功时，要删除查找到的元素；当查找不成功时，要插入被查找的元素。

为了继续接下来的学习，下面引入"关键字"的概念。在查找表中进行查找操作时，需要可以标识一个记录的某个数据项，这个数据项就是关键字（key）。例如，表 4-1 为某公司职工信息表，一个记录为一行数据，职工号为一个关键字，姓名也是一个关键字。

表 4-1　某公司职工信息表

职　工　号	姓　　名	性　　别	年　　龄	参加工作时间
0001	王刚	男	48	1990 年 4 月
0002	张亮	男	35	2003 年 7 月
0003	刘楠	女	57	1979 年 9 月
0004	齐梅	女	35	2003 年 7 月
0005	李爽	女	56	1982 年 9 月

如果这个关键字能够唯一地标识一个元素，则称这个关键字为主关键字（primary key）；如果不能唯一地标识一个元素，则称之为次关键字（secondary key）。

例如，职工信息表中的职工号为唯一的，且可以标识一条元素，则职工号为主关键字，而姓名、性别、年龄、工作时间不能唯一地标识一条元素，则这些为次关键字。

不同的数据结构，选用于不同的查找方法，如：

（1）线性表适用于静态查找，主要采用顺序查找技术、折半查找技术。

（2）树表适用于动态查找，主要采用二叉排序树的查找技术。

（3）散列表适用于静态查找和动态查找，主要采用散列技术。

4.1.2　查找算法的性能

查找算法的基本操作通常是将记录的关键字和给定值进行比较，其运行时间主要消耗在关键字的比较上，所以，应以关键字的比较次数来度量查找算法的时间性能。比较次数又与哪些因素相关呢？显然，除了与算法本身及问题规模相关外，还与待查关键字在查找集合中的位置有关。同一查找集合、同一查找算法，待查关键字所处的位置不同，比较次数往往不同。所以，查找算法的时间复杂度是问题规模 n 和待查关键字在查找集合中的位置 k 的函数，记为 $T(n,k)$。

对于查找算法，以个别关键字的查找来衡量时间性能是不完全的。一般来讲，需要关心的是它的整体性能。将查找算法进行的关键字比较次数的数学期望值定义为平均查找长度（Average Search Length，ASL）。ASL 计算公式为：

$$\text{ASL} = \sum_{i-1}^{n} p_i c_i \tag{4-1}$$

其中，n 为问题规模，查找集合中的元素个数；p_i 为查找第 i 个元素的概率；c_i 为查找第 i 个元素所需的关键字的比较次数。显然 c_i 与算法密切相关，取决于算法；p_i 与算法无关，取决于具体应用。如果 p_i 是已知的，则平均查找长度（ASL）只是问题规模 n 的函数。

对于查找不成功的情况，平均查找长度即为查找失败对应的关键字的比较次数。查找算法总的平均查找长度应为查找成功与查找失败两种情况下的查找长度的平均值。但在实际应用中，查找成功的可能性比查找不成功的可能性大得多，特别是在查找集合中的元素个数很多时，查找不成功的概率可以忽略不计。

4.2　线性表的查找

由 4.1 节内容可以了解到静态查找是仅仅在固定的表中对元素的查找，不会涉及修改表的元素。而在线性表中进行的查找通常属于静态查找，这种查找算法简单，主要适用于在数据量少的查找集合中查找；相反，如果数据元素过多，那么查询效率会非常低。在后面的章节会继续介绍对于数据量大的集合的查找方法。

线性表一般有两种存储结构：顺序存储结构和链接存储结构，此时，可以采用顺序查找技术。对顺序存储结构，若元素已按关键字有序排列，则可采用更高效的查找技术——折半查找技术。

抽象数据类型静态查找表的定义为：

```
ADT StaticSearchTable:
__init__(self, n)      # 线性表的构造函数,创建一个含有 n 个数据元素的静态查找表
__del__(self)          # 线性表的析构函数,销毁查找表
search(self, key)  # 查找线性表中与 key 元素匹配的位置。如果线性表中存在与 key 相同的元素,
                   # 则返回该元素的值或者返回该元素在表中的位置,否则为"空"
traverse(self)         # 对线性表进行遍历,即对线性表中的每一个元素执行相关操作
length(self)           # 返回线性表的长度
```

4.2.1　顺序表的查找

设想一下，要在如图 4-1 所示的一个杂乱无章的早市中找一个叫"王明"的人是有多么麻烦。要在一群无杂乱无章的人中找一个人，大多数的人可能想到的第一件事就是让这群人排好队，比如大学新生军训，新生入学后会按照教官的指示排好队伍，这时按照队伍的顺序，按照人名，从左到右很容易就能找到指定的人，如图 4-2 所示。

图 4-1　杂乱无章的早市场景

杂乱无章的人群可以理解为一个集合，如果将这些人排列整齐，就像在军训队伍中排列整齐的学生，可以将这个集合构造成一个线性表。要在这个线性表中查找名为"王明"的人。因此它就是静态查找表。

如果在军训场上没有人名单,必须从头到尾的一个人一个人地匹配人名,直到找到或全部找完为止。这就是接下来要介绍的顺序查找。

顺序查找(sequential search)又称线性查找,是最基本的查找技术之一。其基本思想是:从线性表的一端向另一端逐个将关键字与给定值进行比较。若相等,则查找成功,给出该元素在表中的位置;如果查找完整个表,仍未找到与给定值相等的关键字,则查找失败,给出失败信息。

图 4-2 军训场景

下面采用 Python 语言来实现顺序查找算法。首先使用 class 关键字定义一个类,类名 StaticSearchTable 表示是一个静态查找表,然后定义两个函数:构造函数 __init__(self, input_data) 和析构函数 __del__(self)。其中构造函数的参数为 self 和 input_data。参数 self 为 StaticSearchTable 类的一个实例化对象,参数 input_data 为传入的要查找的列表。首先要为查找表实例化对象 self,初始化一个名为 _table 的 list 变量,这里从列表下标为 1 的位置开始查找,然后将传入的要查询的列表"添加"到 _table 列表变量中。具体代码如下:

```
class StaticSearchTable:
"""静态查找表"""
def __init__(self, input_data):
"""初始化顺序表
Args:
input_data (list): 输入的列表
"""
self._table = [0]              # 首元素占位,目的是列表查询下标从 1 开始
self._table.extend(input_data) # 列表首元素是 0,以 input_data 输入组成列表
self._length = len(input_data) # len()方法获取列表的长度
def __del__(self):
del self._table
del self._length
```

顺序查找算法的实现如下:

```
def search(self, key):
"""在顺序表中查找关键字等于 key 的数据元素,若找到,则返回元素在列表的位置,否则返回 0
Args:
key: 待查找的关键字
"""
i = self._length
while i > 0 and self._table[i] != key:
i = i - 1
return i          # 返回 0 则表示查找失败
```

上述代码就是在已知列表 _table 中查找有没有关键字(key)。如果列表中存在与 key 对应的元素值,则返回该元素在列表中的位置(元素位置从 1 开始);如果该列表中不存在与 key 匹配的值,则返回 0 表示查找失败。

【例 4-1】 已知列表如图 4-3 所示,查询 $k=35$ 的下标位置。

图 4-3　列表

首先 $i=9$，此时 $i>0$ 且将 55 与 k 的值 35 匹配不相等，执行 $i=i-1$ 操作，然后 $i=8$，继续上述操作，直到查到指定元素 35，返回下标位置为 6。注意，这里第 0 号元素未使用。上述代码有个显著的问题，就是每次循环都要判断 i 是否越界。事实上，还有更好一点的办法，即设置"哨兵"，用于减少对 i 是否越界的判定。

改进的顺序查找的基本思想是：设置一个"哨兵"，将它放在查找方向的尽头处，免去了在查找过程中每一次比较后都要判断查找位置是否越界，从而提高查找速度。一般将待查值设置为"哨兵"。实践证明，这个改进在表长大于 1000 时，进行一次顺序查找的平均时间几乎减少一半。

在长度为 n 的顺序表中查找给定值为 k 的记录，将哨兵设在数组的低端，顺序查找算法用伪代码描述如下：

> 1. 设置哨兵。
> 2. 初始化查找的起始下标 $i=n$。
> 3. 若 $r[i]$ 与 k 相等，则返回当前 i 的值；否则，继续比较前一个元素。
> 4. 重复执行步骤 3，直到找到指定元素或查找失败。

其中，返回 i 的值有两种情况：

（1）查找成功，i 为待查元素在列表中的位置（即待查元素的序号）。

（2）查找不成功，i 的值为 0，相当于查找失败的标志。

改进的顺序查找算法的实现如下：

```python
def search(self, key):
"""列表_table[1] ~ _table[_length]存放查找集合
"""
i = self._length
self._table[0] = key          # 设置哨兵
while self._table[i] != key:
i = i - 1
return i                       # 返回0表示查找失败
```

【例 4-2】 已知列表如图 4-4 所示，查询 $k=25$ 的下标位置。

查找方向

图 4-4　列表

首先 $i=9$，此时 $i>0$ 且将 55 与 k 的值 35 匹配不相等，执行 $i=i-1$ 操作，然后 $i=8$，继续上述操作，直到匹配到第 0 号元素位置，此时 key 与"哨兵"位置的 25 相同，返回 0，故查找失败。

现在假设有一个具有 n 个元素的顺序表,当查找第 i 个元素时,需进行 $n-i+1$ 次关键字的比较。当查找成功时,顺序查找的平均查找长度为

$$\text{ASL} = \sum_{i=1}^{n} p_i c_i = \sum_{i=1}^{n} p_i (n-i+1) \tag{4-2}$$

如果每个元素的查找概率相同,即 $p_i = 1/n (1 \leqslant i \leqslant n)$,则

$$\text{ASL} = \frac{1}{n} \sum_{i=1}^{n} (n-i+1) = \frac{n+1}{2} = O(n) \tag{4-3}$$

因此,查找成功时的平均查找长度为 $O(n)$。当查找不成功时,关键字的比较次数是 $n+1$ 次,则查找失败的平均查找长度为 $O(n)$。

在许多情况下,查找集合中每个元素的查找概率都是不相等的。为了提高查找效率,可以在每个元素中附设一个访问频度域,并使表中的元素始终保持按访问频度非递减的次序排列,使得查找概率大的元素在查找过程中不断向后移,以便在以后的查找中减少比较次数,从而提高查找效率。另外,如果对有序表进行顺序查找,可减少查找失败的平均查找长度,因为不需要遍历整个表就能确定表中不存在要查找的元素。

顺序查找的缺点是平均查找长度较大,特别是当待查找集合中元素较多时,查找效率较低。顺序查找的优点如下:

(1) 算法简单而且使用面广。

(2) 对表中元素的存储没有任何要求,顺序存储和链接存储均可。

(3) 对表中元素的有序性也没有要求,无论元素是否按关键字有序均可。

4.2.2 排序表的查找

相对于顺序查找技术来说,排序表的查找主要是折半查找技术。折半查找的要求比较高,它要求线性表中的元素必须按关键字有序,并且必须采用顺序存储,一般只能用于静态查找。折半查找利用了元素按关键字有序的特点,**其基本思想**是:在有序表中,取中间元素作为比较对象,若给定值与中间元素的关键字相等,则查找成功;若给定值小于中间元素的关键字,则在中间元素的左半区继续查找;若给定值大于中间元素的关键字,则在中间元素的右半区继续查找。不断重复上述过程,直到查找成功,或所查找的区域无元素,否则查找失败。其基本思想图解如图 4-5 所示。

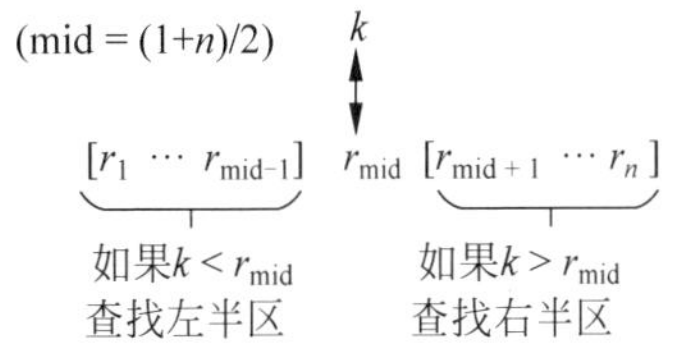

$$(\text{mid} = (1+n)/2) \qquad k$$

$$[r_1 \cdots r_{\text{mid}-1}] \quad r_{\text{mid}} \quad [r_{\text{mid}+1} \cdots r_n]$$

如果 $k < r_{\text{mid}}$ 　　如果 $k > r_{\text{mid}}$
查找左半区 　　查找右半区

图 4-5　顺序查找

折半查找算法用伪代码描述如下:

```
1. 设置初始查找区间:low=1;high=n;
2. 测试查找区间[low,high]是否存在,若不存在,则查找失败;
3. 取中间位置 mid=(low+high)/2;比较 key 与 r[mid],有以下 3 种情况:
   3.1  若 key<r[mid],则 high=mid-1;查找在左半区进行,转到步骤 2;
   3.2  若 key>r[mid],则 low=mid+1;查找在右半区进行,转到步骤 2;
   3.3  若 key=r[mid],则查找成功,返回元素在表中位置 mid。
```

折半查找非递归算法的实现如下:

```
def binary_search(self, key):
"""非递归的二分查找法,如果能够匹配上 key 元素,则返回该元素在列表中位置(从 1 开始),否则返
回 0,表示查找失败
Args:
key: 要查找的关键字
"""
low = 1
high = self._length
while low <= high:
mid = (low + high)// 2         ♯ 在 Python 语言中,//表示整除
if key < self._table[mid]:
high = mid - 1
elif key > self._table[mid]:
low = mid + 1
else:
return mid                     ♯ 若相等,则说明 mid 即为查找的位置
return 0
```

【例 4-3】 假如有一个有序的列表{0,7,14,18,21,23,29,31,35,38,42,46,49,52},除
0 以外,一共有 13 个元素,现在要在有序表中查找关键字为 14 和 22 的记录。

查找 22 的过程如下：

（1）首先程序开始执行,_table={0,7,14,18,21,23,29,31,35,38,42,46,49,52},
_length=13,key=22,则 low=1,high=13,如图 4-6 所示。

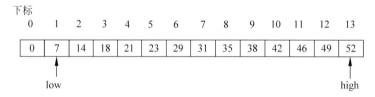

图 4-6　初始化列表

（2）执行 while 循环语句进行查找,通过计算 mid=(1+13)//2 为 7,由于_table[7]=
31> 22,故执行 high=7-1=6,如图 4-7 所示。

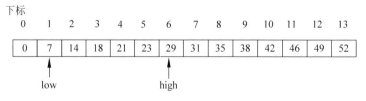

图 4-7　第一次查找结果

（3）再次循环,此时 mid=(1+6)//2=3,继续执行可得_table[3]=18 < 22,故执行
low=mid+1=4,如图 4-8 所示。

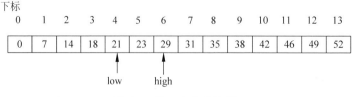

图 4-8　第二次查找结果

（4）再次循环，此时 mid＝(4＋6)//2＝5，继续执行可得 _table[5]＝23＞22，故执行 high＝5－1＝4，如图 4-9 所示。

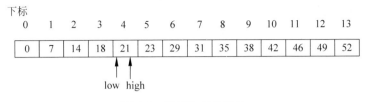

图 4-9　第四次查找结果

（5）再次循环，此时 mid＝(4＋4)//2＝4，继续执行可得 _table[4]＝21＜22，故执行 low＝4＋1＝5，high＝4，查找结束，未在列表中查找到 key＝22 的数据元素，如图 4-10 所示。

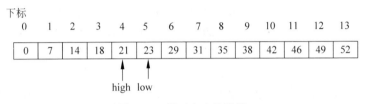

图 4-10　第五次查找结果

通过例 4-3，可以清晰地了解折半查找的过程，即将处于区间中心位置的数据元素与给定值 key 进行比较，如果不相等，则将范围缩小，然后计算缩小后区间的中心位置，将该位置的数据元素与给定值 key 进行比较，直到匹配成功值或者匹配结束查询失败。如果相等，则直接返回该元素在列表的位置。

下面给出折半查找递归算法的实现，感兴趣的读者可以学习了解。

```python
def binary_search(table, low, high, key):
    """
    Args:
    table (list): 待查找的列表
    low (int): 记录划分区间的首位
    high (int): 记录划分区间的末位
    key: 待查找的关键字
    """
    if low > high:
        return 0
    else:
        mid = (low + high) // 2
        if key < table[mid]:
            return binary_search(table, low, mid - 1, key)
        elif key > table[mid]:
            return binary_search(table, mid + 1, high, key)
        else:
            return mid
```

通过例题 4-3，可以发现折半查找的效率非常高，接下来对此算法的性能进行分析。在这之前，要首先了解一下什么是判定树。从折半查找的过程看，以有序表的中间记录作为比较对象，并以中间元素将表分割为两个子表，对子表继续这种操作。所以，对表中每个元素的查找过程都可用二叉树来描述，树中的每个节点对应有序表中的一个元素，节点的值为该元素在表中的位置。通常称这个描述折半查找过程的二叉树为**折半查找判定树**（**Binary Search decision tree**），简称**判定树**。

假设有序表的长度为 n，判定树的构造方法为：

（1）当 $n=0$ 时，折半查找判定树为空；

（2）当 $n>0$ 时，折半查找判定树的根节点是有序表中序号为 $mid=(n+1)/2$ 的记录，根节点的左子树是与有序表 $r[1]\sim r[mid-1]$ 相对应的折半查找判定树，根节点的右子树是与 $r[mid+1]\sim r[n]$ 相对应的折半查找判定树。

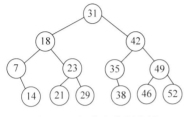

图 4-11　折半查找判定树

根据这个方法，可以绘制例 4-3 的判定树如图 4-11 所示。

在折半查找判定树中，某个节点所在的层数即是查找该节点的比较次数，整个判定树代表的有序表**查找成功时的平均查找长度**即为查找每个节点的比较次数之和除以有序表的长度。根据图 4-10，要想知道平均查找长度 ASL，可以假设等概率的条件下，如果要查找某个关键字，第一层需要比较 1 次；第二层 2 个数，每个需要比较 2 次；第三层 4 个数，每个需要比较 3 次；第四层 6 个数，每个需要比较 4 次，则平均查找长度为 ASL＝(1＋2×2＋3×4＋4×6)/13＝41/13。

如果将每个节点的空指针指向一个实际上不存在的节点，那么这个节点称为**外节点**。注意，所有的外节点均表示查找不成功的情况，图 4-12 中方块代表外节点。

在如图 4-12 所示的查找判定树中，查找不成功时的比较次数即是查找相应的外节点与内节点的比较次数之和。判定树的有序表在**查找失败时的平均查找长度**，即为查找每个外节点的比较次数

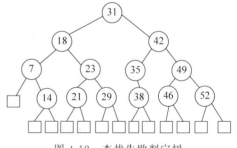

图 4-12　查找失败判定树

之和除以外节点的个数。如图 4-12 所示，则查找失败时的平均查找长度为 ASL＝(1×4＋12×5)/13＝64/13。

4.3　树的查找

4.2 节着重介绍了两种静态查找方法，接下来开始讨论动态查找表的方法和实现。动态查找表是指其表结构在查找过程中动态生成，在查询之后还可以将不在查找表中的数据元素插入到查找表中；或者从查找表中删除某个数据元素。

动态查找表的抽象数据类型定义如下。

```
ADT DynamicSeachTable:
    __init__(self)      # 动态查找表初始化,构造动态查找表
    __del__(self)       # 动态查找表销毁
    search(self, key)
    # 若动态查找表中存在等于 key 的数据元素,则返回函数值在表中的位置;否则返回 None
```

```
insert(self, key)      # 动态查找表中不存在等于 key 的数据元素,则插入 key,否则无操作
delete(self, key)      # 若动态查找表中存在等于 key 的数据元素,则删除之
traverse(self)         # 遍历动态查找表
empty(self)            # 判断动态查找表是否为空
create(self)           # 构造二叉排序树
```

4.3.1　什么是二叉排序树

首先认识一下什么是二叉排序树。**二叉排序树(Binary Sort Tree)**又称**二叉搜索树**
(**Binary Search Tree**)。二叉排序树或是一棵空的二叉树,或是具有下列性质的二叉树:

(1) 如果二叉排序树的左子树不为空,则左子树上所有节点的值均小于根节点的值;

(2) 如果二叉排序树的右子树不为空,则右子树上所有节点的值均大于根节点的值;

(3) 二叉排序树的左右子树也都是二叉排序树。

图 4-13 所示为一个二叉排序树和非二叉排序树。

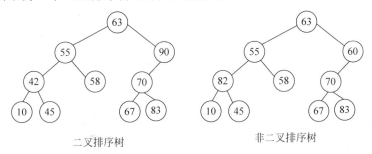

二叉排序树　　　　　　　　　非二叉排序树

图 4-13　二叉排序树和非二叉排序树

从定义可知,对于二叉排序树,总是有**左子树的节点的值<根节点的值<右子树节点的
值**。如果对二叉排序树进行中序遍历,则可以得到一个逐步递增的有序序列。对于二叉排
序树,根据其结构特点,通常采用**二叉链表存储**,示例如图 4-14 所示。

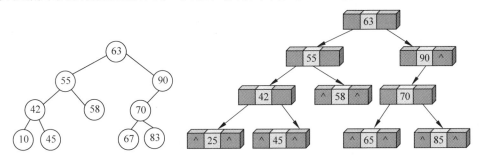

图 4-14　二叉排序树的二叉链表存储结构

二叉排序树的类型声明定义如下:

```
# 二叉排序树节点定义
class BSTNode:
def __init__(self, data, lchild = None, rchild = None):
    self.data = data            # 二叉排序树节点数据
    self.lchild = lchild        # 二叉树左节点
    self.rchild = rchild        # 二叉树右节点


# 二叉排序树定义
```

```
class BinarySearchTree:
    def __init__(self):
        self._root = None            # 根节点
    def search(self, key):           # 对二叉排序树执行查找操作
        pass # 空语句
    def insert(self, key):           # 对二叉排序树执行插入操作
        pass
    def delete(self, root, key):     # 对二叉排序树执行删除操作
        pass
    def traverse(self):              # 对二叉排序树执行中序遍历操作
        pass
    def empty(self):        # 判断二叉排序树是否为空树,如果为空则返回 True,否则返回 False
        return self._root is None
    def create(self,input_data):     # 构造二叉排序树,input_data 为集合元素组成的列表
        pass
```

在 Python 中,pass 语句是一条空语句,放在此处主要是为了保证程序的完整性。

4.3.2 怎么构造一棵二叉排序树

构造二叉排序树的过程是从空的二叉排序树开始,依次插入一个个节点。构造二叉排序树的过程应满足以下特征:

(1) 每次插入的新节点都是二叉排序树上新的叶子节点。

(2) 找到插入位置后,不必移动其他节点,仅需修改某个节点的位置。

(3) 在左子树/右子树的查找过程与在整棵树上查找过程相同。

(4) 新插入的节点没有破坏原有节点之间的关系。

例如,给定查找集合{63,55,42,45,58,90,70,25,85,65},则构造一个二叉排序树的过程如图 4-15 所示。

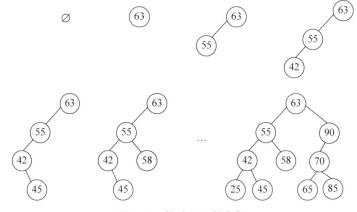

图 4-15 构造二叉排序树

构造一棵二叉排序树的过程是通过不断地调用插入节点的算法完成,设查找集合中的元素存放在列表 $r[n]$ 中。在二叉排序树的构造算法中,循环依次取每一个元素 $r[i]$,并执行下述操作:

(1) 申请一个数据域为 $r[i]$ 的节点 s,令节点 s 的左右指针域为空;

(2) 调用算法 insert()函数,将节点 s 插入到二叉排序树中;

二叉排序树的构造算法实现如下：

```
def create(self, input_data):  # input_data 为输入的序列
    for data in input_data:
        self.insert(data)
```

根据二叉排序树的定义,向二叉排序树中插入一个节点 s 的过程用伪代码描述为：

> 1. 若 root 是空树,则将节点 s 作为根节点插入；
> 2. 若 s.data 小于 root.data,则把节点 s 插入到 root 的左子树中；
> 3. 否则把节点 s 插入到 root 的右子树中。

若二叉排序树为空树,则新插入的节点为新的根节点；否则,新插入的节点必为一个新的叶子节点,其插入位置由查找过程得到。

二叉排序树插入操作算法实现如下：

```
def insert(self, key):  # 二叉排序树插入元素
    root = self._root
    if root is None:
        self._root = BSTNode(key)
    else:
        while True:
            d = root.data
            if d < key:
                if root.rchild is None:
                    root.rchild = BSTNode(key)
                    break
                else:
                    root = root.rchild
            elif d > key:
                if root.lchild is None:
                    root.lchild = BSTNode(key)
                    break
                else:
                    root = root.lchild
            else:
                root.data = key
                break
```

例如,如图 4-16 所示,在已知的一棵二叉排序树中插入新节点元素 98。

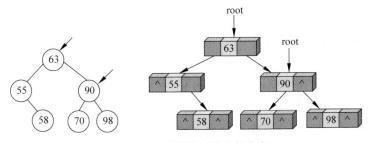

图 4-16　二叉排序树插入新节点

4.3.3　二叉排序树的查找与删除

在二叉排序树中查找给定值 k 的过程如下：

（1）若 root 是空树，则查找失败。

（2）若 k＝root.data，则查找成功并退出，否则执行步骤（3）。

（3）若 k＜root.data，则在 root 的左子树上查找；若未找到，则在 root 的右子树上查找。

上述过程一直持续到 k 被找到或者待查找的子树为空，如果待查找的子树为空，则查找失败。二叉排序树的查找效率在于只需查找两棵子树之一。

【例 4-4】　在二叉排序树中查找关键字值为 35、95 的元素的过程，如图 4-17 所示。

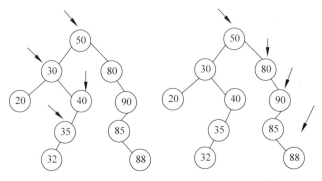

图 4-17　二叉排序树查找过程

在查找元素 35 时，首先与构造二叉排序树根节点进行比较，此时 50＞35，指针移动到左孩子节点 30 位置，再与左节点比较 30＜35，此时指针移动到 40 位置，重复上述操作，直到找到元素 35。查找 95 的过程类似，此处不再赘述。

二叉排序树查找操作算法实现如下：

```python
def search(self, key):          # 对二叉排序树进行查找操作
    root = self._root
    while root is not None:     # 如果 root 不为空，则执行循环操作
        d = root.data
        if key > d:
            root = rot.rchild
        elif key < d:
            root = root.lchild
        else:
            return root
    return None
```

当二叉排序树执行删除操作时，在二叉排序树上某个节点被删除之后，仍然要保持二叉排序树的特性。具体分 3 种情况讨论。

（1）被删除的节点是叶子，操作方法：首先找到要删除节点的双亲节点，将双亲节点中相应指针域置为空即可，如图 4-18 所示为删除叶子节点 88 的结果。

（2）被删除的节点只有左子树或者只有右子树，操作方法：将节点删除，将删除节点的左子树或右子树移动到删除位置即可，图 4-19 所示为删除节点 80 的结果。

（3）被删除的节点既有左子树，也有右子树，操作方法：以其左子树中的最大值节点（或右子树中的最小值节点）替代之，然后再删除该节点，图 4-20 所示为删除节点 50 的结果。

二叉排序树删除操作算法实现如下：

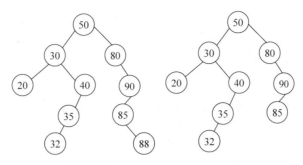

图 4-18 二叉排序树删除节点 88

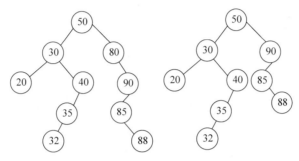

图 4-19 二叉排序树删除节点 80

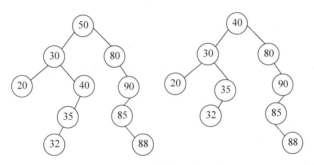

图 4-20 二叉排序树删除节点 50

```python
def delete(self, root, key):          # 删除二叉排序树中的节点
    if not root:
        return None
    if root.data > key:               # 从左子树中删除
        root.lchild = self.delete(root.lchild, key)
    elif root.data < key:             # 从右子树中删除
        root.rchild = self.delete(root.rchild, key)
    else:                             # 删除当前节点
        if not (root.lchild or root.rchild):    # 叶子节点,直接删除
            root = None
        elif root.rchild:             # 非叶子节点,且有右子树
            cur = root.rchild
            while cur.lchild:         # 找后继节点的值,赋值给当前节点,然后删除后继节点
                cur = cur.lchild
            root.data = cur.data
            root.rchild = self.delete(root.rchild, root.data)
        else:                         # 非叶子节点,无右子树,有左子树
            cur = root.lchild
```

```
        while cur.rchild:     ♯ 找前驱节点,赋值给当前节点,然后删除前驱节点
            cur = cur.rchild
        root.data = cur.data
        root.lchild = self.delete(root.lchild, root.data)
    return root
```

4.3.4　二叉排序树查找的性能分析

可以看出,二叉排序树是一种动态查找表,其节点可以在查找过程中被动态地插入或删除,而且在生成二叉排序树时,输入关键字的顺序不同,生成的二叉排序树也不同。如图 4-21 所示,分别是由序列{3,1,2,5,4}和{1,2,3,4,5}得到的二叉排序树。

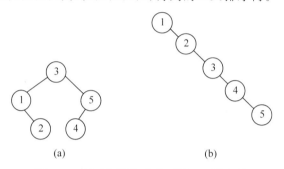

(a)　　　　　　　　　　　(b)

图 4-21　元素相同构成的不同二叉排序树

其平均查找长度分别为:

$$\text{ASL}_a = (1 + 2 \times 2 + 3 \times 2)/5 = 2.2, \quad \text{ASL}_b = (1 + 2 + 3 + 4 + 5)/5 = 3$$

综上,二叉排序树的查找性能取决于序列构成的二叉排序树的形状,显然希望二叉排序树的形状是比较平衡的,即它的深度能够与完全二叉树相近,如图 4-21(a)所示,为 $\lfloor \log_2 n \rfloor + 1$。那么查找的时间复杂度为 $O(\log_2 n)$。最坏的情况如图 4-21(b)所示,此时的查找的时间复杂度为 $O(n)$。

4.3.5　平衡二叉树

由 4.3.4 节内容可知,二叉排序树的查找性能与其构成的二叉树形状相关,如果二叉树是一棵完全二叉树,则其查找效率将达到更优,因此就有了平衡二叉树的定义。**平衡二叉树又称为 AVL 树**,它是一棵空的二叉排序树,或者是具有下列性质的二叉排序树:

(1) 节点的左子树和右子树的深度绝对值之差最多相差 1。

(2) 节点的左子树和右子树也都是平衡二叉树。

平衡因子:节点的平衡因子是该节点的左子树的深度与右子树的深度绝对值之差。在平衡二叉树中,节点的平衡因子是 1、0 或 −1。

在图 4-22(a)中,对于根节点 5,左子树深度为 3,右子树深度为 2,平衡因子为 1。在图 4-22(b)中,对于根节点 5,左子树深度为 4,右子树深度为 2,此时平衡因子为 2。

最小不平衡子树:在平衡二叉树的构造过程中,将节点插入到距离其最近的且平衡因子的绝对值大于 1 的节点为根的子树中。

构造平衡二叉树的基本思想是:在构造二叉排序树的过程中,每当插入一个节点时,首先检查是否因插入而破坏了树的平衡性。若是,则找出最小不平衡子树。在保持二叉排序

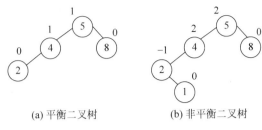

(a) 平衡二叉树　　　　　　(b) 非平衡二叉树

图 4-22　二叉树排序树的平衡因子

树特性的前提下,调整最小不平衡子树中各节点之间的链接关系,进行相应的旋转,使之成为新的平衡子树;否则直接插入新节点。

如果在一棵平衡二叉树中插入一个新节点,造成了 AVL 树失衡,此时要重新调整树的结构,使之恢复平衡。这个调整平衡的过程称为**平衡旋转**。

平衡旋转可以分为 4 类:LL 平衡旋转、RR 平衡旋转、LR 平衡旋转和 RL 平衡旋转。下面分别介绍这 4 种平衡旋转。

LL 平衡旋转即插入节点位置为失衡节点的左子树的左子树。假设有序列{40,35,20},构造平衡二叉树。当插入节点 20 时破坏了树的平衡性,这属于 LL 平衡旋转,如图 4-23 所示。

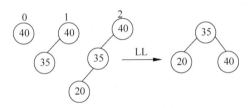

图 4-23　二叉树的 LL 平衡旋转过程

再比如,假设有序列{40,35,20,15,25,10},构造平衡二叉树。最后插入节点 10 时,根节点 35 失衡,需要进行 LL 平衡旋转调整,如图 4-24 所示。

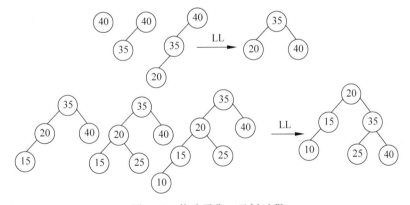

图 4-24　构造平衡二叉树过程

RR 平衡旋转即插入节点的位置为失衡节点的右子树的右子树。假设有序列{4,2,6,5,8},插入新的元素 9 时失衡,需要 RR 平衡旋转调整,如图 4-25 所示。

调整过程为:RR 型平衡旋转,此时需要将 4、6、8 元素值中间位置元素即 4 升高一层,并将 6 的左子树连接到 4 的右子树上,6 的右子树不变即完成平衡调整。

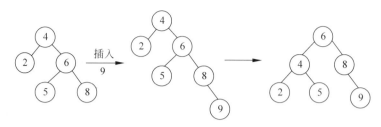

图 4-25　二叉树的 RR 平衡旋转过程

LR 平衡调整即在当前失衡节点的左子树的右子树插入新的节点。假设有序列{35，40,20,15,30,25}，构造平衡二叉树，如图 4-26 所示。

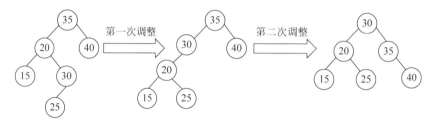

图 4-26　二叉树的 LR 平衡旋转过程

调整过程为：当插入 25 时，平衡二叉树失衡，此时需要将 35、20、30 三个元素值的中间值即 30 元素升高一层，作为新的根节点，然后将 30 的左子树作为 20 的右子树，再将 20 的右子树作为 30 的右子树。

RL 平衡调整即在当前失衡节点的右子树的左子树插入新的节点。假设有序列{35，45,20,50,40,38}，构造平衡二叉树，如图 4-27 所示。

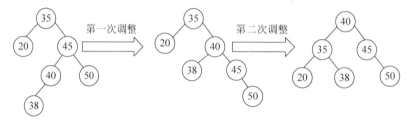

图 4-27　二叉树的 RL 平衡旋转过程

调整过程为：当插入 38 时，平衡二叉树失衡，此时需要将 35、45、40 三个元素的中间值即 40 元素升高一层，作为新的根节点，然后将原来 40 的左子树作为 35 的左子树，再进行调整使之满足平衡二叉树。

4.4　散列查找

在前面讨论的各种查找技术中，由于记录的存储位置和关键字之间不存在确定的对应关系，所以查找只能通过一系列的给定值与关键字进行比较。这类查找技术都建立在比较的基础之上，查找的效率依赖于查找过程中进行的给定值与关键字的比较次数，这不仅与查找集合的存储结构有关，还与查找集合的大小以及待查元素在集合中的位置有关。理想的情况是不经过任何比较，直接便能确定待查元素的存储位置。

4.4.1 什么是散列查找

为了达到理想情况,就有了散列查找的概念。在学习散列查找之前,要先了解散列的基本思想和相关概念。**散列的基本思想是**:散列是在记录的存储地址和它的关键字之间建立一个确定的对应关系。这样,不经过比较,一次读取就能得到待查元素。

将数据记录采用散列技术存储在一块连续的存储空间中,这块连续的存储空间称为**散列表**(**hash table**),也称为哈希表。如果存在一个函数,通过这个函数可以把元素映射为散列表中适当存储位置,则这个函数称为散列函数。将关键字经过散列函数后得到的存储地址,称为散列地址。

散列查找(**hash search**)是指对记录的关键字 k_i 通过散列函数 H 进行某种运算,直接求出所查询元素的地址 $H(k_i)$,再通过 $H(k_i)$ 查找到对应记录的过程,即使用关键字到地址的直接转换方法。通过散列函数查找元素的过程如图 4-28 所示。

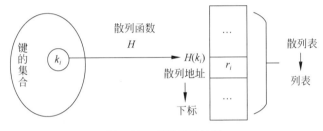

图 4-28 查找元素过程

具体的散列过程如下:

(1)在元素存储时,经散列函数通过关键字计算元素的散列地址,并按此散列地址存储该元素。

(2)在查找元素时,通过同样的散列函数得出数据元素的散列地址,并按此散列地址访问该元素。

可以通过上述散列过程得出结论,散列既是一种查找技术,也是一种存储技术。散列只通过关键字定位该元素,没有完整地表达元素之间的逻辑关系,所以,散列主要是面向查找的存储结构。

散列技术一般不适用于允许多个元素有相同存储位置的情况。散列方法也不适用于范围查找,换言之,在散列表中,不可能找到最大或最小关键字的元素,也不可能找到在某一范围内的元素。如果不同关键字存放在相同的位置则会产生冲突。由此可得冲突的定义:对于两个不同关键字 $k_i \neq k_j$,有 $H(k_i) = H(k_j)$,并且将 k_i 和 k_j 称为相对于散列函数 H 的同义词,如图 4-29 所示。

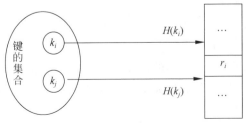

图 4-29 关键字冲突

散列技术的关键问题如下：

（1）散列函数的设计问题。如何设计一个简单、均匀、存储利用率高的散列函数。

（2）冲突的处理问题。如何采取合适的处理冲突方法来解决冲突。

接下来将一步一步地解决上述问题。

4.4.2　散列函数的设计

要设计一个简单、均匀、存储利用率高的散列函数，首先这个散列函数应当简单。在查找一个元素时，如果这个算法需要复杂的计算，则会耗费非常多的时间，对于频繁的查找操作来说，效率非常低。其次，设计的散列函数还要求散列地址均匀分布，这样才能保证存储空间的有效利用并减少冲突。接下来介绍几种常见的构造散列函数的方法。

1. 直接定址法

散列函数是关键字 key 的线性函数，取关键字的线性函数值作为散列地址，即：

$$H(\text{key}) = a \cdot \text{key} + b$$

其中，a、b 为常数。

例如，关键字集合为 $\{10, 30, 50, 70, 80, 90\}$，选取的散列函数为 $H(\text{key}) = \text{key}/10$，则散列表如图 4-30 所示。

图 4-30　直接定址法得到的散列表

第一个关键字为 10，代入散列函数，即得到散列地址为 1，其他关键字类同。

直接定址法的特点是单调、均匀，一般不会产生冲突，但实际中能使用这种散列函数的情况很少。很明显，当关键字的集合很大时，用该方法产生的散列表会造成存储空间的大量浪费。因此，它适用于事先知道关键字的分布，且关键字的集合不是很大而连续性较好的情况。

2. 除留取余法

选择某个不大于散列表长度 m 的正整数 p，以关键字 key 除以 p 的余数作为散列地址，其中 p 称为模，即：

$$H(\text{key}) = \text{key} \bmod p \, (p \leqslant m)$$

很明显，本方法的关键问题就是如何选择合适的 p。一般情况下，选 p 为小于或等于表长（最好接近表长）的最小素数。

【例 4-5】　有一个长度 m 为 17 的散列表，散列函数 $h(\text{key}) = \text{key} \% 17$，关键字的集合为 $\{34, 18, 2, 20, 23, 7, 42, 27, 11, 30, 15\}$，计算对应的散列地址。

当关键字 key 为 42 时，$h(42) = 42\%17 = 8$，得到 key = 42 的散列地址为 8。当关键字为 15 时，$h(15) = 15 \% 17 = 15$，从而 key = 15 的散列地址为 15。依次计算每个元素的散列地址，填入散列表中，如图 4-31 所示。

除留取余法是一种最简单、最常用的构造散列函数的方法，并且不要求事先知道关键字的分布，但是可能会出现冲突的问题。关于如何解决冲突，后面会逐步介绍。

3. 数字分析法

根据关键字的分布情况，选取关键字中分布比较均匀的若干位组成散列地址。简言之，

地址	0	1	2	3	4	5	6	7	8	9	10	11	12	13	14	15	16
关键词	34	18	2	20			23	7	42		27	11		30		15	

图 4-31 除留取余法得到的散列表

就是找出关键字上数字的规律,尽可能地利用这些数据来构造冲突概率较低的散列函数。

图 4-32 所示为某学校部分学生的学号,每个学号为 9 位的十进制数,将学生的学号作为关键字,其中前 2 位为入学年份,可以看到每个学号的前 5 位是固定不变的,最后 4 位取值为唯一数值,所以为了避免冲突,这里取后 4 位作为散列地址。

如果后 4 位仍然出现冲突,则可以对后 4 位进行反转,再作为散列地址也是可以的。当然这里以学生的学号为例,每个学生的学号是唯一的,且均匀分布,所以不用反转也不会出现问题。总之,希望能够通过合理的方式将关键字分布到散列表的各个位置,从而减少冲突的产生。通过这个例子可得,**数字分析法**适用于事先知道关键字的分布且关键字中有若干位分布较均匀的情况。

①	②	③	④	⑤	⑥	⑦	⑧	⑨
2	1	0	9	1	5	0	0	1
2	1	0	9	1	5	0	0	2
2	1	0	9	1	5	0	0	3
2	1	0	9	1	5	0	0	4
2	1	0	9	1	5	0	0	5
2	1	0	9	1	5	0	0	6

…

图 4-32 某学校部分学生学号

4. 平方取中法

平方取中法是非常简单的构造散列函数的方法,这种方法是将关键字的值取平方后,按照大小,取中间的若干位作为散列地址。例如,假如有关键字为 12345,将其平方得到 152399025,可以取中间 4 位 3990 作为散列地址。同样可以取关键字为 123,则有 $(123)^2 = 15129$,取中间的两位 12 作为散列地址。

平方取中法适用于事先不知道关键字的分布且关键字的位数不是很多的情况。

5. 折叠法

折叠法是将关键字从左到右分割成位数相等的几部分,然后将这几部分叠加求和,取后几位作为散列地址。

一般情况下,在对其进行叠加时有两种方式:移位折叠和间界折叠。

（1）移位折叠是将关键字分割后的每一个小部分,按照其最低位进行对齐,然后进行相加。

（2）间界折叠是从一端向另一端沿着分割线进行叠加。

例如,设关键字为 ２５３４６３５８７０５,将其按照 3 位进行分割,则得到 **２５３｜４６３｜５８７｜０５**,取散列地址为 3 位。两种折叠方式分别如图 4-33 所示。

折叠法适用于关键字位数很多,事先不知道关键字的分布情况。

```
移位折叠          间界折叠
  253            253
  463            364
  587            587
+ 05           + 50
─────          ─────
 1308           1254
```

图 4-33 移位折叠和间界折叠

4.4.3 处理冲突的方法

1. 开放定址法

所谓开放定址法(Open Addressing),就是由关键字得到的散列地址一旦产生了冲突,就去寻找下一个空的散列地址,只要散列表足够大,就能找到空的散列地址,并将元素存入。用开放定址法处理冲突得到的散列表叫作闭散列表。寻找空散列地址的方法很多,下面介绍 3 种。

1）线性探测法

线性探测法是当散列地址发生冲突时，从散列表中冲突位置的下一个位置起，依次寻找空的散列地址。对于关键字值 key，设 $H(\text{key})=d$，散列表的长度为 m，则发生冲突时，寻找下一个散列地址的公式为：

$$H_i=(H(\text{key})+d_i)\%m \quad (d_i=1,2,\cdots,m-1)$$

其中，i 为探测次数，地址增量 $d_i=1,2,\cdots,m-1$。例如，元素关键字的集合为 $\{47,7,29,11,16,92,22,8,3\}$，散列表表长为 11，散列函数为 $H(\text{key})=\text{key mod } 11$，用线性探测法处理冲突，则散列表如图 4-34 所示。

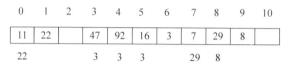

图 4-34　线性探测法处理冲突

这里，第一个关键字 key=47，通过散列函数 $H(47)=3$，因此关键字为 47 的散列地址为 3；第二个关键字 key=7，通过计算 7 的散列地址为 7；第三个元素为 29，通过计算，关键字为 29 的散列地址为 7，此时地址 7 已经有关键字对应，发生了冲突，采用线性探测法进行处理，新的散列地址为 $[H(29)+1]\%11=8$，因此关键字为 29 的散列地址为 8。通过类似方式可以得出其他关键字对应的散列地址。在计算散列地址的过程中，最后一个关键字 key=3，通过计算得 $H(3)=3$，但此时散列表地址 3 位置已经有了对应的关键字，此时需要进行冲突处理，处理后散列地址为 4，但散列地址为 4 的位置仍然被关键字占用，继续进行冲突处理，最后找到关键字为 3 的散列地址为 6。这个现象称为"堆积"现象。"堆积"现象是指在处理冲突的过程中出现的非同义词之间争夺同一个散列地址的现象。"堆积"会大大影响查找效率。

2）二次探测法

与线性探测法类似，当发生冲突时，寻找下一个散列地址解决冲突问题，二次探测法的公式为：

$$H_i=(H(\text{key})+d_i)\%m \quad (d_i=1^2,-1^2,2^2,-2^2,\cdots,q^2,-q^2,q\leqslant\sqrt{m})$$

例如，关键字集合为 $\{47,7,29,11,16,92,22,8,3\}$，散列表表长为 11，散列函数为 $H(\text{key})=\text{key mod } 11$，用二次探测法处理冲突，则散列表如图 4-35 所示。

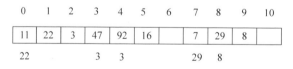

图 4-35　二次探测法处理冲突

当关键字为 29 时散列地址发生冲突，此时 $H=[H(29)+1^2]\%11=8$，因此关键字为 29 的散列地址为 8；同样当关键字为 3 时，通过散列函数得到散列地址为 3，但是地址为 3 的位置已经存在关键字对应关系，需要通过二次探测法处理冲突，即 $H=[H(3)+1^2]\%11=4$，但此时地址 4 也存在关键字对应关系，继续进行冲突处理，则 $H=[H(3)+(-1^2)]\%11=$

2,故关键字 3 的散列地址为 2。

二次探测能有效避免"聚集"现象,但有个问题,即不能够探测到散列表中所有的存储单元,但是至少能够探测散列表的一半地址。

3）随机探测法

另一种解决冲突的方式是采用随机探测法。当发生冲突时,下一个散列地址的位移量是一个随机数列,即寻找下一个散列地址的公式为：

$$H_i = (H(\text{key}) + d_i) \% m$$

其中,d_i 是一个随机数列($i = 1, 2, \cdots, m-1$),通过计算机的随机函数产生。在计算机中产生随机数的方法通常采用**线性同余法**

$$\begin{cases} a_0 = d \\ a_n = (ba_{n-1} + c) \bmod m \quad n = 1, 2, \cdots \end{cases}$$

其中,d 称为随机种子。当 b、c 和 m 的值确定后,给定一个随机种子,就可以产生确定的随机数序列。

2. 链地址法

链地址法又称拉链法,其基本思想是：将所有散列地址相同的记录,即所有的同义词记录,存储在一个单链表中(称为同义词子表),在散列表中存储的是所有同义词子表的头指针。其中用链地址法处理冲突构造的散列表叫作**开散列表**。需要注意的是,开散列表不会出现堆积现象,因此使用链地址方法不会产生"堆积"。例如,有关键字集合{47,7,29,11,16,92,22,8,3},散列表长度为 11,散列函数为 $H(\text{key}) = \text{key} \bmod 11$,用链地址法处理冲突,构造的开散列表如图 4-36 所示。

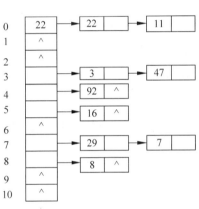

图 4-36　链地址法处理冲突

首先,散列表长度为 11,则创建一个列表长度为 11,列表的每个指针的指针域指向空,第一个关键字 47 通过散列函数计算结果散列地址为 3,则列表 3 指针域指向包含关键字 47 的单链表。同理,第二个关键字为 7,通过计算得到散列地址为 7,则列表第 7 个元素的指针域指向包含关键字 7 的单链表；第三个关键字为 29,通过计算得到散列地址为 7,则对列表第 7 个元素的单链表进行头插入,直到所有关键字都处理完成执行结束。

4.4.4　散列查找性能分析

由于冲突的存在,产生冲突后的查找仍然是给定值与关键字进行比较的过程,所以,对散列表查找效率的量度依然以平均查找长度为依据。

在查找过程中,关键字的比较次数取决于产生冲突的概率。影响冲突产生的因素有：

（1）散列函数是否均匀。

（2）处理冲突的方法。

（3）散列表的装填因子 α。

$$\alpha = \frac{\text{填入表中的记录个数}}{\text{散列表的长度}}$$

几种处理冲突方法的平均查找长度如表 4-2 所示。

表 4-2　性能分析对比

冲突处理方法	查找成功时	查找不成功时
线性探测法	$\dfrac{1}{2}\left(1+\dfrac{1}{1-\alpha}\right)$	$\dfrac{1}{2}\left(1+\dfrac{1}{(1-\alpha)^2}\right)$
二次探测法	$-\dfrac{1}{\alpha}\ln(1+\alpha)$	$\dfrac{1}{1-\alpha}$
拉链法	$1+\dfrac{\alpha}{2}$	$\alpha+\mathrm{e}^{-\alpha}$

散列表的平均查找长度是装填因子 α 的函数，而不是查找集合中记录个数 n 的函数。在很多情况下，散列表的空间都比查找集合大，此时虽然浪费了一定的空间，但换来的是查找效率。

对于开散列表与闭散列表的比较如表 4-3 所示。

表 4-3　开散列表和闭散列表对比

	堆积现象	结构开销	插入/删除	查找效率	估计容量
开散列表	不产生	有	效率高	效率高	不需要
闭散列表	产生	没有	效率低	效率低	需要

4.5　查找方法的比较分析

4.5.1　顺序查找和折半查找的比较分析

与其他查找技术相比，顺序查找的缺点是平均查找长度较大，特别是当查找集合很大时查找效率较低。然而，顺序查找的优点也很突出，其算法简单而且使用面广，它对表中元素的存储没有任何要求，顺序存储和链接存储均可应用；对表中元素的有序性也没有要求，无论元素是否有序均可应用。顺序查找成功时平均查找长度为 $O(n)$。

相对于顺序查找来说，折半查找的查找性能较好，但是它要求线性表的元素必须有序，并且必须采用顺序存储。顺序存储和折半查找一般只能应用于静态查找。折半查找的复杂度为 $O(n)\sim O(\log_2 n)$。

顺序查找和折半查找都主要适用于静态查找的情况。

4.5.2　二叉排序树和线性表的查找比较分析

二叉排序树的查找与线性表的查找的比较如下。二叉排序树适用于动态查找的情况。折半查找中关键字与给定值的比较次数不超过折半查找判定树的深度，长度为 n 的判定树是唯一的，且深度为 $\lfloor \log_2 n \rfloor +1$。在二叉排序树中进行查找，关键字与给定值的比较次数也不超过树的深度，但是二叉排序树不唯一，其形态取决于各个元素被插入二叉排序树的先后顺序。如果二叉排序树是平衡的，那么其查找效率为 $O(\log_2 n)$，近似于折半查找。如果二叉排序树完全不平衡（最坏情况下为一棵斜树），则其深度可达到 n，查找效率为 $O(n)$，退化为顺序查找。

4.5.3 散列查找的比较分析

与上述查找技术不同,散列查找是一种基于计算的查找方法,可适用于动态查找,也可适用于静态查找。虽然实际应用中关键字集合中常常存在同义词,但在选定合适的散列函数后,仅需进行少量的关键字比较,因此,散列技术的查找性能较高。在很多情况下,散列表的空间都比查找集合大,此时虽然浪费了一定的空间,但换来的是查找效率,平均时间复杂度为 $O(1)$。

4.6 作业与思考题

1. 解释查找、静态查找表、动态查找表、平均查找长度的概念。
2. 解释主关键字、次关键字的概念。
3. 阐述顺序查找、折半查找基本思想。
4. 解释什么是二叉排序树并思考如何构造一棵二叉排序树。
5. 思考二叉排序树查找和删除过程。
6. 什么是 AVL 树? 什么是平衡因子? 简述构造平衡二叉树基本思想。
7. 什么是散列查找? 散列函数有几种构造方法? 有哪些冲突处理方法?

第5章

图 的 问 题

5.1 图的应用背景

图结构在计算机中应用广泛,在前面已经对图的基本概念、存储结构和基本操作等进行了介绍,本章介绍关于图的应用的各种算法。图的应用范围广,可以对图进行遍历,逐一访问图的每一个顶点,后面将介绍图的两种遍历算法——广度优先遍历和深度优先遍历。同时也可以利用图的遍历解决数学上常见的八数码问题,求出图的最小生成树,在实际应用中,比如多个场地互相连接,如何以最少路程访问到所有场地节点,这就是图的最小生成树问题,5.3节将详细介绍图的最小生成树问题。图还可以解决关键路径问题,例如做一项任务,任务分为多个阶段,每个阶段之间需要时间,怎么操作才能使任务完成而且时间最短,这就是关键路径问题。图还有最短路径问题,分为单源和多源最短路径,解决的是从某地到某地有多种路径,求哪一条路径最短的问题,5.5节将详细介绍这一问题。

5.2 图的遍历问题

5.2.1 什么是图的遍历

图的遍历是图的基本的操作之一。在形式上,图遍历是系统化的检查图的所有边和顶点的步骤。图的遍历是指从图中某一顶点出发,对图中所有顶点访问一次且仅访问一次。图的遍历操作和树的遍历操作类似,但由于图结构本身的复杂度,所以图的遍历操作也比较复杂。在图的遍历中要解决的关键问题有以下几点。

(1) 在图中,没有一个确定的开始顶点,任意一个顶点都可以作为遍历的起始顶点,一般从编号小的顶点开始选取遍历的起始顶点。在线性表中,数据元素在表中的编号就是元素在序列中的位置,因而其编号是唯一的。在树中,将节点按层序编号,由于树具有层次性,因而其层序编号也是唯一的。在图中,任何两个顶点之间都可能存在边,顶点是没有确定的先后次序的,所以,顶点的编号不唯一。

（2）从某个顶点出发可能到达不了所有其他顶点，例如非连通图，从一个顶点出发，只能访问它所在的连通分量上的所有顶点。那么，如何才能遍历图的所有顶点？解决方案是多次调用从某顶点出发遍历图的算法。

（3）由于图中可能存在回路，某些顶点可能会被重复访问，那么，如何避免遍历不会因回路而陷入循环？解决方案是：附设访问标志数组 visited[n]。

（4）在图中，一个顶点可以和其他多个顶点相邻接，当这样的顶点被访问过后，如何选取下一个要访问的顶点？解决方案是：对图进行深度优先遍历和广度（宽度）优先遍历。

5.2.2 图的广度（宽度）优先遍历算法

图的广度优先遍历(BFS)类似于树的层序遍历。图的广度优先搜索的基本思想如下：

（1）访问顶点 v。

（2）依次访问 v 的各个未被访问的邻接点 $v_1, v_2, \cdots, v_k$。

（3）分别从 $v_1, v_2, \cdots, v_k$ 出发依次访问它们未被访问的邻接点，并使"先被访问顶点的邻接点"先于"后被访问顶点的邻接点"被访问。直至图中所有与顶点 v 有路径相通的顶点都被访问到。

图的广度优先遍历使用队列实现，设由 $v_1, v_2, \cdots, v_8$ 共 8 个顶点组成了一个无向图，对这个图进行广度优先遍历的实现步骤如图 5-1 所示。

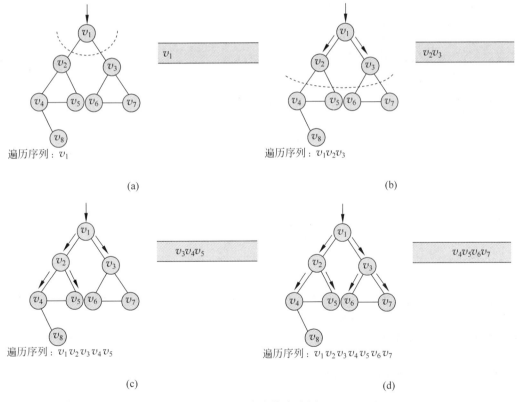

图 5-1 广度优先遍历

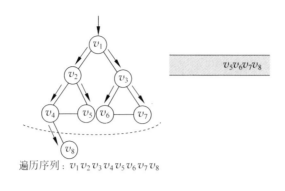

遍历序列：$v_1 v_2 v_3 v_4 v_5 v_6 v_7 v_8$

(e)

图 5-1　（续）

广度优先遍历算法的伪代码描述如下。

> 输入：图的每个顶点的编号 v
> 输出：图的广度优先遍历序列
> 1. 队列 Q 初始化；
> 2. 访问顶点 v；修改标志 visited $[v]=1$；顶点 v 入队列 Q；
> 3. 队列 Q 非空
> 　　3.1 $v =$ 队列 Q 的队头元素出队；
> 　　3.2 $w =$ 顶点 v 的第一个邻接点；
> 　　3.3 w 存在
> 　　　　3.3.1 如果 w 未被访问，则访问顶点 w；修改标志 visited$[w] = 1$；顶点 w 入队列 Q；
> 　　　　3.3.2 $w =$ 顶点 v 的下一个邻接点；

广度优先遍历的算法实现如下：

```
def BFTraverse(v):
    front = -1, rear = -1              #初始化队列
    print(vertex[v])
visited[v] = 1
Q[++rear] = v                          #被访问顶点入队
    while front != rear:               #当队列非空时
        w = Q[++front]                 #将队头元素出队并送到 v 中
        for j in vertex:
            if edge[w][j] == 1 && visited[j] == 0:
                print(vertex[j])
visited[j] = 1
Q[++rear] = j
```

在广度优先的遍历中每个顶点都要进（出）一次列队且仅仅一下（类似于深度优先遍历的进栈），对于每一个顶点 v 出列队后，要访问的所有邻接点，时间为 $O(n)$，因此可知广度优先遍历时间复杂度是为 $O(n^2)$ 或 $O(n+e)$，其中 e 和 v 分别是图的边集和点集。

5.2.3　图的深度优先遍历算法

深度优先遍历（DFS）相当于二叉树的先序遍历。从顶点 v 出发进行深度优先遍历的基本思想是（深度优先遍历是一个递归的过程）：

（1）访问顶点 v；

（2）从 v 的未被访问的邻接点中选取一个顶点 w，从 w 出发进行深度优先遍历；

（3）重复上述两步，直至访问所有和 v 有路径相通的顶点。

图的深度优先遍历使用栈实现，设由 $v_1, v_2, \cdots, v_8$ 共 8 个顶点组成了一个无向图，对这个图进行深度优先遍历的实现步骤如图 5-2 所示。

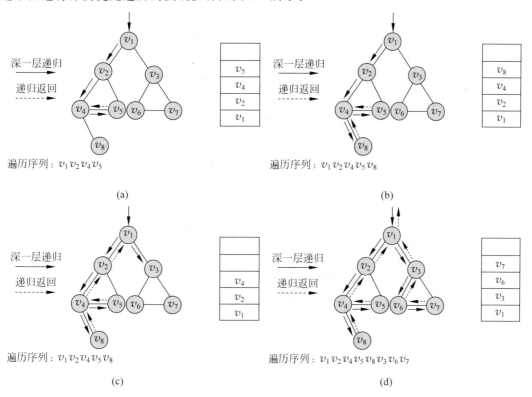

图 5-2　深度优先遍历

深度优先遍历伪代码描述如下：

输入：顶点的编号 v
输出：无
1. 访问顶点 v，修改标志 $visited[v] = 1$；
2. $w =$ 顶点 v 的第一个邻接点；
3. while（w 存在）
　　3.1 if（w 未被访问）从顶点 w 出发递归执行该算法；
　　3.2 $w =$ 顶点 v 的下一个邻接点。

深度优先遍历的算法实现如下：

```
def DFTraverse(v):
    print(vertex[v])
    visited[v] = 1
    for j in vertex:
        if edge[v][j] == 1 && visited[j] == 0:
        DFTraverse( j )
```

在深度优先遍历中使用了递归的方法，该算法的时间复杂度为 $O(n^2)$。

5.2.4 图遍历问题的应用案例

图遍历可以应用在生活中的许多方面。在实际应用中，可以将图遍历应用在求解八数码问题上。什么是八数码问题？八数码问题又称九宫格问题，在一个 3×3 的棋盘上，有 9个盘位，其中有 8 个棋子和一个空盘位，每个棋子上的数字是 1~8 中的一个数，且棋盘上的数字不能重复，为了方便运算，将空盘位设置为 0，这就组成了 0~8 的整数所组成的 3×3的棋盘阵列。每个带有数字的棋盘能够移动到空盘位上。问题给定棋盘的初始状态和目标状态，其两种状态示例如图 5-3 所示，需要解决的问题是在给定的初始化状态和目标布局状态下，找到一种能够实现从初始状态到目标状态步骤最少的移动方法。

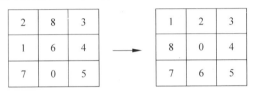

图 5-3　八数码问题初始状体和目标状态

可以将这个棋盘理解为一个图，其中空棋盘（0 位置）和与之相邻的棋盘上的数字存在边，假设设定初始状态为{2,8,3,1,6,4,7,0,5}，目标状态为{1,2,3,8,0,4,7,6,5}，可以使用广度优先遍历和深度优先遍历求解此问题，其问题的求解步骤示例如图 5-4 所示。

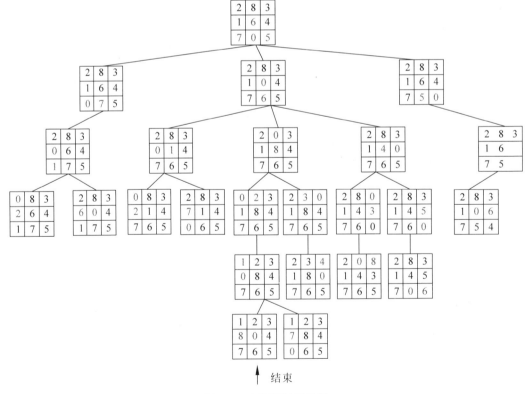

图 5-4　八数码问题示例

可以通过树的基本知识得到八数码问题的数字移动步骤。

5.3 最小生成树问题

5.3.1 什么是最小生成树

5.1节曾提到,图可以通过某些算法生成树的结构,本节将介绍最小生成树的概念和性质。

设 $G=(V,E)$ 是一个有权值的无向连通网,由图 G 的所有顶点 E 组成的树称为图的生成树,生成树上各边的权值之和称为该生成树的代价。在图 G 的所有生成树中,代价最小的生成树称为最小生成树(MST)。最小生成树的概念可以应用到生活中大量的实际问题中。如在 n 个城市之间建造通信网络,由图的性质可知,至少要架设 $n-1$ 条通信线路,但是每两个城市之间架设通信线路的价格是不一样的,如何设计才能使得总造价最低就是一个最小生成树问题。

最小生成树的性质是:假设 $G=(V,E)$ 是一个带有权值的无向连通网,U 是顶点集 V 的一个非空子集。若 (U,V) 是一条具有最小权值的边,其中 $u \in U, v \in V-U$,则必定存在一棵包含边 (U,V) 的最小生成树。

通过相关算法可以计算出 G 的最小生成树。最小生成树的算法主要有两种,分别是普里姆(Prim)算法和克鲁斯卡尔(Kruskal)算法,它们是利用 MST 性质构造最小生成树的两个经典算法。

5.3.2 克鲁斯卡尔算法

克鲁斯卡尔算法的基本思想是:设无向连通网为 $G=(V,E)$,令 G 的最小生成树为 $T=(U,TE)$,其初态为 $U=V,TE=\{ \}$,然后,按照边的权值由小到大的顺序,考查 G 的边集 E 中的各条边。若被考查的边的两个顶点属于 T 的两个不同的连通分量,则将此边作为最小生成树的边加入到 T 中,同时把两个连通分量连接为一个连通分量;若被考查边的两个顶点属于同一个连通分量,则舍去此边,以免造成回路;如此下去,当 T 中的连通分量个数为1时,此连通分量便为 G 的一棵最小生成树。

通过一个例子熟悉该算法的执行过程。设有一个无向连通图 G,G 中的顶点有 $\{A,B,C,D,E,F\}$,其初始形状和克鲁斯卡尔算法生成最小生成树的执行过程如图 5-5 所示。

克鲁斯卡尔算法的伪代码描述如下:

```
1.初始化:U=V;TE={ };
2.重复下述操作直到 T 中的连通分量个数为1:
    2.1 在 E 中寻找最短边(u,v);
    2.2 如果顶点 u,v 位于 T 的两个不同连通分量,则
        (1)将边(u,v)并入 TE;
        (2)将这两个连通分量合为一个;
    2.3 标记边(u,v),使得(u,v)不参加后续最短边的选取。
```

克鲁斯卡尔算法实现如下:

```python
def Kruskal(graph):
    for vertice in graph['vertices']:
        make_set(vertice)
```

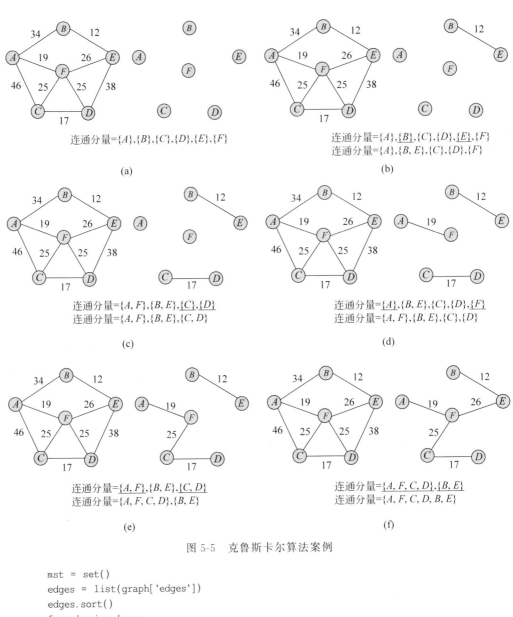

图 5-5 克鲁斯卡尔算法案例

```
mst = set()
edges = list(graph['edges'])
edges.sort()
for edge in edges:
    weight, v1, v2 = edge
    if find(v1) != find(v2):
        merge(v1 , v2)
        mst.add(edge)
return mst
```

克鲁斯卡尔算法的时间复杂度为 $O(|e|\log|v|)$，其中 e 和 v 分别是图的边集和点集。

5.3.3 普里姆算法

普里姆算法的基本思想是：设 $G=(V,E)$ 是具有 n 个顶点的连通网，$T=(U,TE)$ 是 G 的最小生成树，T 的初始状态为 $U=\{v_0\}(v_0\in V)$，$TE=\{\ \}$，重复执行下述操作：在所有 $u\in U,v\in V-U$ 的边中找一条代价最小的边 (u,v) 并入集合 TE，同时 v 并入 U，直至 $U=$

V。此时 TE 中必须有 $n-1$ 条边,则 T 就是一棵最小生成树。

通过一个例子熟悉一下该算法的执行过程。设有一个无向连通图 G,G 中的顶点有 $\{A,B,C,D,E,F\}$,其初始形状和普里姆算法生成最小生成树的执行过程如图 5-6 所示。

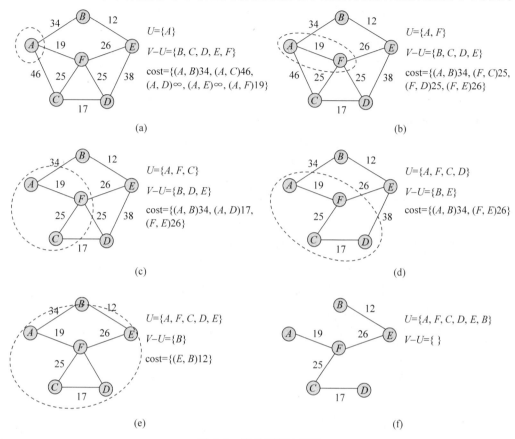

图 5-6 普里姆算法案例

普里姆算法的伪代码描述如下:

1. 初始化: $U = \{v_0\}$; TE=$\{\ \}$;
2. 重复下述操作直到 $U = V$:
    2.1 在 E 中寻找最短边 (u,v),且满足 $u \in U$,$v \in V-U$;
    2.2 $U = U + \{v\}$;
    2.3 TE $=$ TE $+ \{(u,v)\}$;关键是如何找到连接 U 和 $V-U$ 的最短边。

普里姆算法的算法实现如下:

```
def Prim(vertexs, edges, start_node):
    adjacent_vertex = defaultdict(list)
    for v1, v2, length in edges:
        adjacent_vertex[v1].append((length, v1, v2))
        adjacent_vertex[v2].append((length, v2, v1))
    mst = []
    closed = set(start_node)
    adjacent_vertexs_edges = adjacent_vertex[start_node]
    heapify(adjacent_vertexs_edges)
    while adjacent_vertexs_edges:
```

```
        w, v1, v2 = heappop(adjacent_vertexs_edges)
        if v2 not in closed:
            closed.add(v2)
            mst.append((v1, v2, w))
            for next_vertex in adjacent_vertex[v2]:
                if next_vertex[2] not in closed:
                    heappush(adjacent_vertexs_edges, next_vertex)
    return mst
```

普里姆算法的时间复杂度与网中的边数无关。可通过邻接矩阵图表示的简易实现，找到所有最小权边共需的运行时间。若使用简单的二叉堆与邻接表来表示，则普里姆算法的运行时间则可缩短为 $O(e\log v)$，其中 e 为连通图的边数，v 为顶点数。如果使用较为复杂的斐波那契堆，则可将运行时间进一步缩短为 $O(e+v\log v)$，这在连通图足够密集时，可较显著地提高运行速度。读者可以尝试实现这些结构的普利姆算法。

5.3.4　最小生成树问题的应用案例

最小生成树（MST）是图论中的基本问题，在实际中应用广泛，在数学建模中也经常出现。路线设计、道路规划、官网布局、公交路线、网络设计，都可以转化为最小生成树问题，如要求总线路长度最短、材料最少、成本最低、耗时最短。下面介绍一个使用最小生成树的案例。某市区有 7 个小区需要铺设天然气管道，各小区的位置及可能的管道路线、费用如图所示，要求设计一个管道铺设路线，使天然气能输送到各小区，且铺设管道的总费用最低。小区位置和之间线路费用及使用算法实现的总费用最小的铺设方案如图 5-7 所示。

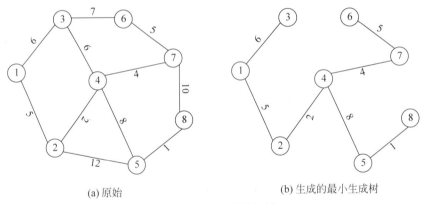

(a) 原始　　　　　　　　　　　(b) 生成的最小生成树

图 5-7　最小生成树案例

其代码实现如下：

```
import numpy as np
import matplotlib.pyplot as plt                # 导入 Matplotlib 工具包
import networkx as nx                          # 导入 NetworkX 工具包
G1 = nx.Graph()                                # 创建:空的无向图
G1.add_weighted_edges_from([(1,2,5),(1,3,6),(2,4,2),(2,5,12),(3,4,6),
            (3,6,7),(4,5,8),(4,7,4),(5,8,1),(6,7,5),(7,8,10)])   # 向图中添加多条
# 赋权边: (node1,node2,weight)
T = nx.minimum_spanning_tree(G1)               # 返回包括最小生成树的图
print(T.nodes)                                 # 最小生成树的顶点
print(T.edges)                                 # 最小生成树的边
print(sorted(T.edges))                         # 排序后的最小生成树的边
```

```
print(sorted(T.edges(data = True)))          # data = True 表示返回值包括边的权值

mst1 = nx.tree.minimum_spanning_edges(G1, algorithm = "kruskal")
# 返回最小生成树的边
print(list(mst1))                            # 最小生成树的边
mst2 = nx.tree.minimum_spanning_edges(G1, algorithm = "prim",data = False)
# data = False 表示返回值不带权
print(list(mst2))
# 绘图
pos = {1:(1,5),2:(3,1),3:(3,9),4:(5,5),5:(7,1),6:(6,9),7:(8,7),8:(9,4)}
# 指定顶点位置
nx.draw(G1, pos, with_labels = True, node_color = 'c', alpha = 0.8)    # 绘制无向图
labels = nx.get_edge_attributes(G1,'weight')
nx.draw_networkx_edge_labels(G1,pos,edge_labels = labels, font_color = 'm')
# 显示边的权值
nx.draw_networkx_edges(G1,pos,edgelist = T.edges,edge_color = 'b',width = 4)
# 设置指定边的颜色
plt.show()
```

此代码使用了 Python 附加的 NetworkX 工具包和 Matplotlib 工具包创建图和计算最小生成树,其最小生成树代码已经写入相关模块,感兴趣的读者可以查阅分析相关数据,深入探讨相关算法的使用。

5.4 关键路径问题

5.4.1 AOV 网与拓扑排序

在一个表示工程的有向图中,用顶点表示活动,用弧表示活动之间的优先关系。这种以有向图顶点表示活动的网称为 AOV 网。

AOV 网具有如下特点:

(1) AOV 网中的弧表示活动之间存在的某种制约关系;

(2) AOV 网中不能出现回路。

设 $G = (V, E)$ 是一个具有 n 个顶点的有向图,V 中的顶点序列 $v_1, v_2, \cdots, v_n$ 称为一个拓扑序列,当且仅当满足下列条件:若从顶点 v_i 到 v_j 有一条路径,则在顶点序列中顶点 v_i 必在顶点 v_j 之前。拓扑序列使得 AOV 网中所有应存在的前驱和后继关系都能得到满足。对一个有向图构造拓扑序列的过程称为拓扑排序。

5.4.2 拓扑排序算法

对 AOV 网进行拓扑排序的基本思想如下:

(1) 从 AOV 网中选择一个没有前驱的顶点并且输出。

(2) 从 AOV 网中删去该顶点,并且删去所有以该顶点为尾的弧。

(3) 重复上述两步,直到全部顶点都被输出,或 AOV 网中不存在没有前驱的顶点。

AOV 网拓扑排序后的结果有两种:

(1) AOV 网中全部顶点都被输出,这说明 AOV 网中不存在回路。

(2) AOV 网中顶点未被全部输出,剩余的顶点均不存在没有前驱的顶点,这说明 AOV

网中存在回路。

图 5-8 给出了一个 AOV 网及其拓扑序列。可以看出，对于任何一项工程中各个活动的安排，必须按拓扑序列中的顺序进行才是可行的，并且一个 AOV 网的拓扑序列可能不唯一。拓扑排序的第一个顶点为入度为 0 的点。

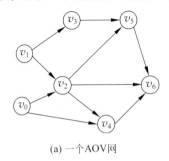

(a) 一个AOV网

拓扑序列1：$v_0 v_1 v_2 v_3 v_4 v_5 v_6$
拓扑序列2：$v_0 v_1 v_3 v_2 v_4 v_5 v_6$
拓扑序列3：$v_0 v_1 v_3 v_2 v_5 v_4 v_6$
拓扑序列4：$v_1 v_3 v_0 v_2 v_4 v_5 v_6$
拓扑序列5：$v_1 v_3 v_0 v_2 v_5 v_4 v_6$

(b) 拓扑序列

图 5-8　拓扑排序案例

拓扑排序的伪代码描述如下：

1. 栈 S 初始化；累加器 count 初始化；
2. 扫描顶点表，将没有前驱的顶点压栈；
3. 当栈 S 非空时循环
   3.1 v_j = 退出栈顶元素；输出 v_j；累加器加 1；
   3.2 将顶点 v_j 的各个邻接点的入度减 1；
   3.3 将新的入度为 0 的顶点入栈；
4. if（count < vertexNum），则输出有回路信息。

拓扑排序算法实现如下：

```python
def toposort(graph):
    in_degrees = dict((u,0) for u in graph)            # 初始化所有顶点入度为 0
    vertex_num = len(in_degrees)
    for u in graph:
        for v in graph[u]:
            in_degrees[v] += 1                         # 计算每个顶点的入度
    Q = [u for u in in_degrees if in_degrees[u] == 0]  # 筛选入度为 0 的顶点
    Seq = []
    while Q:
        u = Q.pop()                                    # 退出栈顶元素
        Seq.append(u)
        for v in graph[u]:
            in_degrees[v] = 1                          # 移除其所有指向
            if in_degrees[v] == 0:
                Q.append(v)                            # 再次筛选入度为 0 的顶点入栈
    if len(Seq) == vertex_num:
    # 如果循环结束后存在非 0 入度的顶点,则说明图中有环,不存在拓扑排序
        return Seq
    else:
        print("there's a circle.")
```

如果 AOV 网络有 n 个顶点、e 条边，那么在拓扑排序的过程中，搜索入度为 0 的顶点所需的时间是 $O(n)$。在正常情况下，每个顶点进一次栈，出一次栈，所需时间 $O(n)$。每个顶点入度减 1 的运算共执行了 e 次。所以总的时间复杂度为 $O(n+e)$。

5.4.3 AOE网与关键路径

在一个表示工程的带权有向图中,用顶点表示事件,用有向边表示活动,边上的权值表示活动的持续时间,将这样的有向图称为边表示活动的网,简称 AOE 网。AOE 网中没有入边的顶点称为始点(或源点),没有出边的顶点称为终点(或汇点)。

AOE 网有两个性质:

(1) 只有在某顶点所代表的事件发生后,从该顶点出发的各活动才能开始;

(2) 只有在进入某顶点的各活动都结束后,该顶点所代表的事件才能发生。

图 5-9 所示是一个 AOE 网,事件 v_4 表示活动 a_3 和 a_4 已经结束,活动 a_6 和 a_7 可以开始。

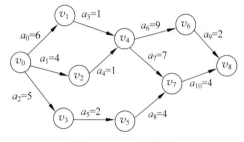

图 5-9 AOE 网举例

如果用 AOE 网来表示一项工程,那么,仅仅考虑各个活动之间的优先关系还不够,更多的是关心整个工程完成的最短时间是多少,哪些活动的延期将会影响整个工程的进度,加速这些活动是否会提高整个工程的效率。

由于 AOE 网中的某些活动能够同时进行,故完成整个工程所必须花费的时间应该为始点到终点的最大路径长度(这里的路径长度是指该路径上的各个活动所持续的时间之和)。具有最大路径长度的路径称为关键路径(critical path),关键路径上的活动称为关键活动(critical activity)。关键路径长度是整个工程所需的最短工期。也就是说,要缩短整个工期,必须加快关键活动的进度。

利用 AOE 网进行工程管理时需解决的主要问题如下:

(1) 完成整个工程至少需要多少时间?

(2) 为缩短完成工程所需的时间,应当加快哪些活动?

关键路径可能不只一条,重要的是找到关键活动,即不按期完成就会影响整个工程完成的活动。首先计算以下与关键活动有关的量。

1. 事件的最早发生时间

事件的最早发生时间 $ve[k]$ 是指从始点开始到顶点 v_k 的最大路径长度,这个长度决定了所有从顶点 v_k 发出的活动能够开工的最早时间:

$$ve[1] = 0 \tag{5-1}$$

$$ve[k] = \max \{ve[j] + \operatorname{len} <v_j, v_k>\}(<v_j, v_k> \in p[k]) \tag{5-2}$$

其中,$p[k]$ 表示所有到达 v_k 的有向边的集合。

例如,采用图 5-9 所示的 AOE 网计算事件的最早发生时间,如图 5-10 所示。

	v_0	v_1	v_2	v_3	v_4	v_5	v_6	v_7	v_8
$ve[k]$	0	6	4	5	7	7	16	14	18

图 5-10 最早发生时间

2. 事件的最迟发生时间

事件的最迟发生时间 $vl[k]$ 是指在不推迟整个工期的前提下,事件 v_k 允许的最晚发生时间:

$$v1[n] = \text{ve}[n] \tag{5-3}$$

$$v1[k] = \min \{v1[j] - \text{len} <v_k, v_j >\}(<v_k, v_j > \in s[k]) \tag{5-4}$$

其中，$s[k]$ 为所有从 v_k 发出的有向边的集合。

例如，采用如图 5-9 所示的 AOE 网计算事件的最迟发生时间，如图 5-11 所示。

	v_0	v_1	v_2	v_3	v_4	v_5	v_6	v_7	v_8
ve[k]	0	6	4	5	7	7	16	14	18
vl[k]	0	6	6	8	7	10	16	14	18

图 5-11　最迟发生时间

3. 活动的最早开始时间

若活动 a_i 是由弧 $<v_k, v_j >$ 表示，则活动 a_i 的最早开始时间 $e[i]$ 应等于事件 v_k 的最早发生时间，则有

$$e[i] = \text{ve}[k] \tag{5-5}$$

例如，采用如图 5-9 所示的 AOE 网计算活动的最早开始时间如图 5-12 所示。

	a_0	a_1	a_2	a_3	a_4	a_5	a_6	a_7	a_8	a_9	a_{10}
e[i]	0	0	0	6	4	5	7	7	7	16	14
l[i]	0	2	3	6	6	8	7	7	10	16	14

图 5-12　活动最早开始时间和最晚开始时间

4. 活动的最晚开始时间

若 a_i 由弧 $<v_k, v_j >$ 表示，则 a_i 的最晚开始时间 $l[i]$ 要保证事件 v_j 的最晚发生时间不拖后，则有：

$$l[k] = vl[j] - \text{len} <v_k, v_j > \tag{5-6}$$

5.4.4　关键路径问题的应用案例

本节了解一个关键路径问题的实际应用。假定有一建筑工程，包括筹备、签合同、付款、施工做预置件和验收几个步骤，其 AOE 网如图 5-13 所示。引出以下几个问题。

（1）每个活动持续多少时间？

（2）完成整个工程至少需要多少时间？

（3）哪些活动是关键活动？

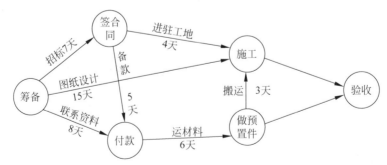

图 5-13　关键路径问题案例 AOE 网

案例的程序实现如下：

```python
from queue import Queue, LifoQueue, PriorityQueue
n, m, s, t = map(int, input().split())
G = [[] for i in range(n + 1)]
E = [[] for i in range(n + 1)]
TE = [0 for i in range(n + 1)]
TL = [2100000000 for i in range(n + 1)]
TL[0] = 0
In = [0 for i in range(n + 1)]
Out = [0 for i in range(n + 1)]
que = Queue(maxsize = 0)
que.put(s)
que1 = Queue(maxsize = 0)
que1.put(t)
ans = []
tmp = [0 for i in range(n + 1)]
tmp[0] = s
def dfs(x, step = 1):
    if x == t:
        ag = []
        for i in range(0, step, 1):
            ag.append(tmp[i])
        ans.append(ag)
        return
    for (u, w) in G[x]:
        if TE[u] == TL[u] and TE[u] == TE[x] + w:
            tmp[step] = u
            dfs(u, step + 1)
for i in range(m):
    u, v, w = map(int, input().split())
    G[u].append((v, w))
    In[v] = In[v] + 1
    E[v].append((u, w))
    Out[u] = Out[u] + 1

while not que.empty():
    x = que.get()
    for (u, w) in G[x]:
        if TE[u] < TE[x] + w:
            TE[u] = TE[x] + w
        In[u] = In[u] - 1
        if In[u] == 0:
            que.put(u)
TL[t] = TE[t]
while not que1.empty():
    x = que1.get()
    for (u, w) in E[x]:
        if TL[u] > TL[x] - w:
            TL[u] = TL[x] - w
        Out[u] = Out[u] - 1
        if Out[u] == 0:
            que1.put(u)
dfs(s)
print("Dis = % d" % (TE[t]))
for i in range(1, n + 1):
```

```
    print("Node", i, end = "")
    print(": TE = % 3d" % (TE[i]), sep = "", end = " ")
print(" TL = % 3d" % (TL[i]), sep = "", end = " ")
    print(" TL - TE = ", TL[i] - TE[i], sep = "")
print(sorted(ans, key = len))
```

程序的输入内容为：第一行是 4 个由空格隔开的整数 n（节点个数）、m（边数）、s（源点）和 t（终点）。此后的 m 行，每行 3 个正整数 u、v、w 表示一条从节点 u 到节点 v 的长度为 w 的边。

输出内容为：第一行输出关键路径的长度；第二行到第 $n+1$ 行输出每一个顶点的 TE、TL 和缓冲时间；最后一行输出所有的关键路径，完成求解案例的基本问题。

5.5　单源与多源最短路径问题

5.5.1　什么是单源与多源最短路径

在非网图中，最短路径是指两顶点之间经历的边数最少的路径。路径上的第一个顶点称为源点，最后一个顶点称为终点。在网图中，最短路径是指两顶点之间经历的边上权值之和最小的路径。

最短路径问题是图的又一个比较典型的应用问题。例如，给定某公路网的 n 个城市以及这些城市之间相通公路的距离，能否找到城市 A 到城市 B 之间一条距离最近的通路呢？如果将城市用顶点表示，城市间的公路用边表示，公路的长度作为边的权值，那么这个问题可归结为在网图中，求顶点 A 到顶点 B 的所有路径中，边的权值之和最少的那条路径。

给定一个带权有向图 $G=(V,E)$，指定图 G 中的某一个顶点的 V 为源点，求出从 V 到其他各顶点之间的最短路径，这个问题称为单源点最短路径问题。如果指定图 G 的多个点，求出从多个点到其他顶点的最短路径问题就称为多源最短路径。

通常使用迪杰斯特拉（Dijkstra）算法寻找单源最短路径，使用一种改进的弗洛伊德（Floyd）算法来实现求解多源最短路径。

5.5.2　迪杰斯特拉算法

1959 年，迪杰斯特拉（Dijkstra）提出了一个按路径长度递增的次序产生最短路径的算法，是从一个顶点到其余各顶点的求最短路径的算法。迪杰斯特拉算法的基本思想是：设置一个集合 S 存放已经找到最短路径的顶点，S 的初始状态只包含源点 v，对 $v_i \in V - S$，从源点 v 到 v_i 的有向边为最短路径。以后每求得一条最短路径 $v, v_1, v_2, \cdots, v_k$，就将 v_k 加入集合 S 中，并将路径 $v, v_1, v_2, \cdots, v_k, v_i$ 与原来的假设相比较，取路径长度较小者为最短路径。重复上述过程，直到集合 V 中全部顶点加入到集合 S 中。

假设给定一个有向图 G 的顶点集合 $S = \{A, B, C, D, E\}$，查找图 G 的每一个顶点到其他节点的最短路径流程如图 5-14 所示。得到顶点 A 到 B 的最短路径为 (A, B)，顶点 A 到 C 的最短路径为 (A, D, C)，顶点 A 到 D 的最短路径为 (A, D)，顶点 A 到 E 的最短路径为 (A, D, C, E)。

迪杰斯特拉算法求单源最短路径的伪代码描述如下：

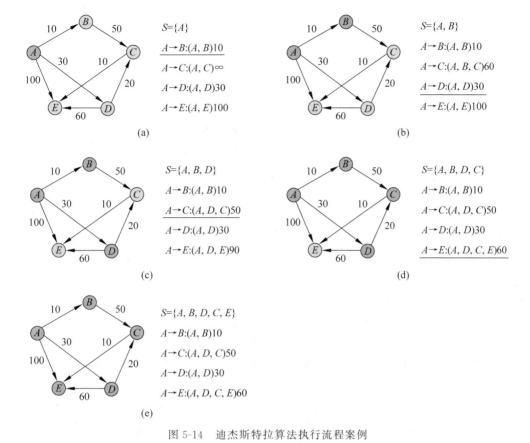

图 5-14   迪杰斯特拉算法执行流程案例

v:源点
S:已经生成最短路径的终点
$w<v,v_i>$:从顶点 v 到顶点 v_i 的权值
$\text{dist}(v,v_i)$:表示从顶点 v 到顶点 v_i 的最短路径长度
算法:迪杰斯特拉算法
输入:有向网图 $G=(V,E)$,源点 v
输出:从 v 到其他所有顶点的最短路径
1.初始化:集合 $S=\{v\}$;$\text{dist}(v,v_i)=w<v,v_i>$,$(i=1,2,\cdots,n)$;
2.重复下述操作:直到 $S=V$
    2.1 $\text{dist}(v,v_k)=\min\{\text{dist}(v,v_j),(j=1,2,\cdots,n)\}$;
    2.2 $S=S+\{v_k\}$;
    2.3 $\text{dist}(v,v_j)=\min\{\text{dist}(v,v_j),\text{dist}(v,v_k)+w<v_k,v_j>\}$;

迪杰斯特拉算法求单源最短路径的代码实现如下:

```python
def dijkstra(s):
    distance[s] = 0
    while True:
        # v 在这里相当于是一个哨兵,对包含起点 s 做统一处理!
        v = -1
        # 从未使用过的顶点中选择一个距离最小的顶点
        for u in range(V):
            if not used[u] and (v == -1 or distance[u] < distance[v]):
                v = u
```

```
if v == -1:
    # 说明所有顶点都维护到S中了!
    break
# 将选定的顶点加入到S中,同时进行距离更新
used[v] = True
for u in range(V):
    distance[u] = min(distance[u], distance[v] + cost[v][u])
```

迪杰斯特拉算法的思想上是很简单的,但在实现上是非常麻烦的。但求单源最短路径没有更好的办法。迪杰斯特拉算法的时间复杂度为 $O(n^2)$。

5.5.3　弗洛伊德算法

弗洛伊德(Floyd)算法又称为插点法,是一种利用动态规划的思想寻找给定的加权图中多源点之间最短路径的算法,与迪杰斯特拉算法类似。这个算法所要求解的问题是:已知一个各边权值都大于 0 的带权有向图,对任意两个顶点 $v_i \neq v_j$,要求求出 v_i 与 v_j 之间的最短路径和最短路径长度。

弗洛伊德算法的基本思想是:递推产生一个 n 阶仿真序列 $A^{(-1)},A^{(0)},\cdots,A^{(k)},\cdots,$ $A^{(n)}$,其中,$A^{(k)}[i][j]$ 表示从顶点 v_i 到顶点 v_j 的路径长度,k 表示绕行第 k 个顶点的运算步骤。初始时,对于任意两个顶点 v_i 和 v_j,若它们之间存在边,则以此边上的权值作为它们之间的最短路径长度;若它们之间不存在有向边,则以 ∞ 作为它们之间的最短路径长度。以后逐步尝试在原路径中加入顶点 $k(k=0,1,\cdots,n-1)$ 作为中间顶点。若增加中间顶点后,得到的路径比原来的路径长度减少了,则以此新路径代替原路径。

下面通过一个案例了解弗洛伊德算法的执行过程。图 5-15 所示为带权有向图 G 及其邻接矩阵。应用弗洛伊德算法求所有顶点之间的最短路径长度的过程如表 5-1 所示。算法执行过程的说明如下。

(1)初始化:方阵 $A^{-1}[i][j]=\text{arcs}[i][j]$。

(2)第一轮:将 v_0 作为中间顶点,对于所有顶点对 $\{i,j\}$,如果有 $A^{-1}[i][j]>A^{-1}[i][0]+$ $A^{-1}[0][j]$,则将 $A^{-1}[i][j]$ 更新为 $A^{-1}[i][0]+A^{-1}[0][j]$。有 $A^{-1}[2][1]>A^{-1}[2][0]+$ $A^{-1}[0][1]=11$,更新 $A^{-1}[2][1]=11$,更新后的方阵标记为 $\boldsymbol{A}^0$。

(3)第二轮:将 v_1 作为中间顶点,继续检测全部顶点对 $\{i,j\}$。有 $A^0[0][2]>A^0[0][1]+$ $A^0[1][2]=10$,更新 $A^0[0][2]=10$,更新后的方阵标记为 $\boldsymbol{A}^1$。

(4)第三轮:将 v_2 作为中间顶点,继续检测全部顶点对 $\{i,j\}$。有 $A^1[1][0]>A^1[1][2]+$ $A^1[2][0]=9$,更新 $A^1[1][0]=9$,更新后的方阵标记为 $\boldsymbol{A}^2$。此时 $\boldsymbol{A}^2$ 中保存的就是任意顶点对的最短路径长度。

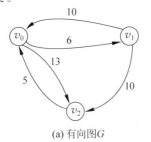

(a) 有向图 G　　　　(b) 有向图 G 的邻接矩阵

图 5-15　带权有向图 G 及其邻接矩阵

表 5-1   弗洛伊德（Floyd）算法的执行过程

A			A^{-1}			A^0			A^1			A^2		
	v_0	v_1	v_2	v_0	v_1	v_2	v_0	v_1	v_2	v_0	v_1	v_2	v_0	v_1	v_2
v_0	0	6	13	0	6	13	0	6	**10**	0	6	10	0	6	10
v_1	10	0	4	10	0	4	10	0	4	**9**	0	4	9	0	4
v_2	5	∞	0	5	**11**	0	5	11	0	5	11	0	5	11	0

弗洛伊德算法求多源最短路径的伪代码描述如下：

$\mathrm{dp}(v, v_i)$：表示从顶点 v 到顶点 v_i 的最短路径长度

算法：弗洛伊德算法

输入：有向网图 $G = (V, E)$

输出：从 v 到顶点 v_i 其他所有顶点的最短路径矩阵

1. 初始化：$\mathrm{dp}(v, v_i) = w < v, v_i > (i = 1, 2, \cdots, n)$；
2. 循环重复执行下述操作，直到执行到最短路径矩阵最后
    2.1 如果 $\mathrm{dp}[i][k] + \mathrm{dp}[j][k] < \mathrm{dp}[i][j]$；
    2.2 执行 $\mathrm{dp}[i][j] = \mathrm{dp}[i][k] + \mathrm{dp}[j][k]$ 替换最短路径。

弗洛伊德算法求多源最短路径的代码实现如下：

```python
def Floyd(dis):
    nums_vertex = len(dis[0])
    for k in range(nums_vertex):
        for i in range(nums_vertex):
            for j in range(nums_vertex):
                if dis[i][j] > dis[i][k] + dis[k][j]:
                    dis[i][j] = dis[i][k] + dis[k][j]
    return dis
```

弗洛伊德算法的实现比较简单，其算法的时间复杂度为 $O(n^3)$，空间复杂度为 $O(n^2)$。

5.5.4   最短路径问题的应用案例

本节介绍最短路径问题的一个实际应用。假设某公司有 6 个办公楼，其中 0 号办公楼到 2、4、5 号办公楼的文件传输时间分别为 10s、30s、100s，由于 0 号办公楼到 1 号和 3 号办公楼没有铺设线路不能进行文件传输；1 号只能向 2 号楼传输文件，时间是 5s，2 号楼只能向 3 号楼传输文件，时间是 50s；3 号楼只能向 5 号楼传输文件，时间是 10s；4 号楼能向 3 号楼和 5 号楼传输文件，时间分别是 20s 和 50s，试求 0 号楼到 3 号楼的最短文件传输时间。

通过分析可以将案例抽象为求一个带权有向图的最短路径问题，其转化的无向图如图 5-16 所示。

此案例的迪杰斯特拉算法代码实现如下：

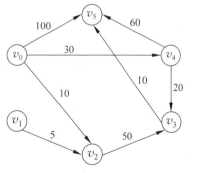

图 5-16   最短路径案例有向图

```python
#!/bin/python
# - * - coding:utf - 8 - * -
def dijkstra(graph, startIndex, path, cost, max):
    """
```

```
    求解各节点最短路径,获取 path,和 cost 数组,
    path[i] 表示 vi 节点的前驱节点索引,一直追溯到源点。
    cost[i] 表示 vi 节点的花费
    """
    lenth = len(graph)
    v = [0] * lenth
    # 初始化 path,cost,V
    for i in range(lenth):
        if i == startIndex:
            v[startIndex] = 1
        else:
            cost[i] = graph[startIndex][i]
            path[i] = (startIndex if (cost[i] < max) else -1)
    # print v, cost, path
    for i in range(1, lenth):
        minCost = max
        curNode = -1
        for w in range(lenth):
            if v[w] == 0 and cost[w] < minCost:
                minCost = cost[w]
                curNode = w
        # for 获取最小权值的节点
        if curNode == -1: break
        # 剩下都是不可通行的节点,跳出循环
        v[curNode] = 1
        for w in range(lenth):
            if v[w] == 0 and (graph[curNode][w] + cost[curNode] < cost[w]):
                cost[w] = graph[curNode][w] + cost[curNode]      # 更新权值
                path[w] = curNode                                 # 更新路径
        # for 更新其他节点的权值(距离)和路径
    return path

if __name__ == '__main__':
    max = 2147483647
    graph = [
        [max, max, 10, max, 30, 100],
        [max, max, 5, max, max, max],
        [max, max, max, 50, max, max],
        [max, max, max, max, max, 10],
        [max, max, max, 20, max, 60],
        [max, max, max, max, max, max],
        ]
    path = [0] * 6
    cost = [0] * 6
    print dijkstra(graph, 0, path, cost, max)
```

5.6 作业与思考题

1. 普里姆算法的时间复杂度是什么？适用于求什么样图的最小生成树？克鲁斯卡尔算法的时间复杂度是什么？适用于求什么样图的最小生成树？

2. 有向图 G 可拓扑排序的判别条件是什么？

3. 设有向图有 n 个顶点和 e 条边，进行拓扑排序时，时间复杂度是什么？

4. AOE 网为边表示活动的网，是一个带权的什么图，其长度最长的路径称为什么？

5. 在 AOE 网中，从源点到汇点路径上各活动时间总和最长的路径称为什么？

6. AOV 网中，节点表示什么？边表示什么？

7. AOE 网中，节点表示什么？边表示什么？

8. 求最短路径的迪杰斯特拉算法的时间复杂度是什么？

9. 求从某源点到其余各顶点的迪杰斯特拉算法在图的顶点数为 10，用邻接矩阵表示图时计算时间约为 10ms，则在图的顶点数为 40，计算时间约为多少？

10. 迪杰斯特拉最短路径算法从源点到其余各顶点的最短路径的路径长度按什么样的次序依次产生？

第6章

串与序列问题

6.1 串

6.1.1 什么是串

串也称字符串,是有限字符集 Σ 中的 0 个或多个字符组成的有限序列,一般记为:
$$S = s[0]s[1]\cdots s[n-1] \tag{6-1}$$
其中,S 是串名。$s[i](0 \leqslant i \leqslant n-1)$ 是有限字符集 Σ 中的字符。$s[i]$ 在串中出现的序号称为该字符在串中的位置。

串中任意多个连续的字符组成的子序列称为该串的子串,包含子串的串相应地称为主串。某个字符在串中的序号称为该字符在串中的位置。子串在主串中的位置以子串的第一个字符在主串中的位置来表示。当两个串的长度相等且每个对应位置的字符都相等时,称这两个串是相等的。另外,长度为 0 的串称为空串。需要注意的是,由一个或多个空格组成的串称为空格串,其长度为串中空格字符的个数。

注意:串通常用一个字符数组来表示。从这个角度来讲,数组 str 内存储的字符为'a'、'b'、'e'、'd'、'e'、'f'、'\0',其中'\0'作为编译器识别串结束的标记。串内字符为'a'、'b'、'e'、'd'、'e'、'f'。因此数组 str 的长度为 7,串 str 的长度为 6。

假设,S1、S2、S3、S4 为如下 4 个串:

```
S1 = "Shanghai" ,     S2 = "shang"
S3 = "hai" ,          S4 = "Shang hai"
```

则它们的长度分别为 8、5、3 和 9,并且 S2 和 S3 分别是 S1 和 S4 的子串。

字符串的比较是通过对组成串的字符进行比较完成的。在计算机系统中,每个字符都有一个唯一的数值表示(即字符编码),字符间的大小关系就定义为对应字符编码之间的大小关系。字符编码有很多种,对英文字母和其他常用符号,ASCII 码是最常见的一种编码。例如,字符 A 和 B 的 ASCII 码分别为 65 和 66,则"A"<"B"。汉字的大小关系也由编码大小确定。

例如,给定两个字符串:

$$X = "x_1 \ x_2 \cdots x_n", \quad Y = "y_1 \ y_2 \cdots y_m"$$

当 $n = m$ 且 $x_1 = y_1, x_2 = y_2, \cdots, x_n = y_m$ 时,称 $X = Y$;

当下列条件之一成立时,称 $X < Y$:

(1) $n < m$,且 $x_i = y_i (i = 1, 2, \cdots, n)$;

(2) 存在某个 $k \leqslant \min(m, n)$,使得 $x_i = y_i (i = 1, 2, \cdots, k-1), x_k < y_k$。

6.1.2　串的存储结构

1. 定长顺序存储表示

可以用一组地址连续的存储单元存储串值的字符序列。在串的定长顺序存储结构中,为每个串变量分配一个固定长度的存储区,即定长数组。

```
# define MAXLEN 255          //预定义最大串长为 255
typedef struct{
char ch [MAXLEN];           //每个分量存储一个字符
int length;                 //串的实际长度
}SString;
```

串的实际长度只能小于或等于 MAXLEN。超过预定义长度的串值会被舍去,称为截断。串长有两种表示方法:一是如上述定义描述的那样,用一个额外的变量 len 来存放串的长度;二是在串值后面加一个不计入串长的结束标记字符"\o",此时的串长为隐含值。

在一些串的操作(如插入、连接等)中,若串值序列的长度超过上界 MAXLEN,约定用"截断"法处理,要克服这种弊端,只能不限定串长的最大长度,即采用动态分配的方式。

2. 堆分配存储表示

这种存储方法的特点是:仍然以一组地址连续的存储单元存放串值的字符序列,但它们的存储空间是在程序执行过程中动态分配得到的。

```
typedef struct{
char * ch;           //按串长分配存储区,ch指向串的基地址的实际长度
int length;
}HString;
```

这种存储方式在使用时,可以用 malloc() 和 free() 函数来完成动态存储管理。利用 malloc() 为每个新产生的串分配一块实际串长所需的存储空间,若分配成功,则返回一个指向起始地址的指针,作为串的基地址,这个串由 ch 指针来指示;若分配失败,则返回 NULL。已分配的空间可用 free() 释放。

上述两种存储表示通常为高级程序设计语言所采用。由于堆分配存储结构的串既有定长顺序存储结构的特点,处理方便,操作中对串长又没有任何限制,更加灵活,因此在串处理的应用程序中也常被选用。

3. 块链存储表示

类似于线性表的链式存储结构,也可采用链表方式存储串值。由于串的特殊性(每个元素只有一个字符),在具体实现时,每个节点既可以存放一个字符,也可以存放多个字符。每个节点称为块,整个链表称为块链结构。图 6-1(a)是节点大小为 4(即每个节点存放 4 个字符)的链表,最后一个节点占不满时通常用"♯"补上;图 6-1(b)是节点大小为 1 的链表。

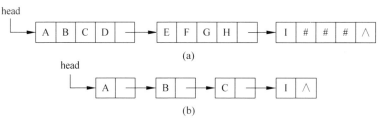

图 6-1   块链结构

6.1.3   串的基本操作

串的基本操作伪代码如下：

> ADT String
>> DataModel
>>> 串中的数据元素仅由一个字符组成,相邻元素具有前驱和后继关系
>
> Operation
> strAssign（&T，chars）:赋值操作。把串赋值为 chars。
> strCopy（&T,S）:复制操作。由串 S 复制得到串 T。
> IsEmpty(S):判空操作。若 S 为空串,则返回 TRUE,否则返回 FALSE。
> strCompare(S,T):比较操作。若 S> T,则返回值> 0;若 S＝T,则返回值＝0;若 S< T,则返回值< 0。
> StrLength (S):求串长。返回串 S 的元素个数。
> substring（&Sub,s,pos,len）:求子串。用 Sub 返回串 S 的第 pos 个字符起长度为 len 的子串。
>> Concat（&T,s1,s2）:串连接。用 T 返回由 S1 和 S2 连接而成的新串。
> Index(S,T):定位操作。若主串 S 中存在与串 T 值相同的子串,则返回它在主串 S 中第一次出现的位置;否则函数值为 0。
> clearString（&S）:清空操作。将 S 清为空串。
> Destroystring（&s）:销毁串。将串 S 销毁。
>> endADT

下面详细给出上述部分操作伪代码的具体代码实现：

```
Class String(object):
    Def __init__(self):
        self.MaxStringSize = 256
        self.chars = ""
        self.length = 0
#创建一个串
def CreateString(self):
stringSH = input("请输入字符串:")
if len(stringSH) > self.MaxStringSize:
        print("溢出超过的部分无法保存")
        self.chars = stringSH[:self.MaxStringSize]
    else:
        self.chars = stringSH
#字符串连接
def StringConcat(self,strSrc):
    lengthSrc = len(strSrc)
stringSrc = strSrc
if lengthSrc + len(self.chars) <= self.MaxStringSize:
    self.chars = self.chars + stringSrc
else:
    print("两个字符串的长度之和溢出,超出的部分无法显示")
```

```
        size = self.MaxStringSize - len(sef.chars)
        self.chars = self.chars + stringSrc[:size]
print("连接后字符串为:",self.chars)
♯判空操作
def IsEmpty(self):
if self.length == 0:
        IsEmpty = True
else:
        IsEmpty = False
return IsEmpty
```

6.2 子串搜索问题

6.2.1 什么是子串搜索

子串搜索又称串匹配,是关于串的最重要的基本运算之一。对于给定的长度为 n 的主串 T 和长度为 m 的模式串 P,子串搜索运算就是找出 P 在 T 中出现的位置。

6.2.2 朴素的串匹配算法

朴素的串匹配算法的基本思想是:从主串 T 的第 1 个字符起和模式串 P 的第 1 个字符进行比较。若相等则继续逐个比较后续字符,否则从 T 的第 2 个字符起继续和 P 的第 1 个字符进行比较。以此类推,直至 P 中的每个字符依次和 T 中的一个子串中字符相等。此时搜索成功,否则称搜索失败。这种方法利用一种定长顺序存储结构,同时也是不依赖于其他串操作的暴力匹配算法。

```
def str_index(a,b,pos = 0):
    i = pos
    j = 0
    while i < len(a) and j < len(b):
        if a[i] == b[j]:
            j += 1
            i += 1
        else:
            i = i - j + 1
            j = 0
    if j == len(b):
        return i - j
    else:
        return - 1
```

在上述算法中,分别用 i 和 j 指示主串 S 和模式串 T 中当前正待比较的字符位置。表 6-1 展示了模式串 T='ABCAC'和主串 S 的匹配过程,每次匹配失败后,都把模式串 T 后移一位。

表 6-1 主串与模式串匹配过程

第 1 趟	A	B	A	B	C	A	B	C	A	C	B	A	B	失败
	A	B	C	A	C									

续表

第2趟	A	B	A	B	C	A	B	C	A	C	B	A	B	失败
		A	B	C	A	C								
第3趟	A	B	A	B	C	A	B	C	A	C	B	A	B	失败
			A	B	C	A	C							
第4趟	A	B	A	B	C	A	B	C	A	C	B	A	B	失败
				A	B	C	A	C						
第5趟	A	B	A	B	C	A	B	C	A	C	B	A	B	失败
					A	B	C	A	C					
第6趟	A	B	A	B	C	A	B	C	A	C	B	A	B	成功
						A	B	C	A	C				

暴力模式匹配算法的最坏时间复杂度为 $O(nm)$，其中 n 和 m 分别为主串和模式串的长度。

6.2.3 无回溯匹配算法

无回溯匹配（KMP）算法是由 Knuth、Pratt 和 Morris 提出的一个高效的子串搜索算法，KMP 算法是在简单子串搜索算法思想的基础上，进一步改进搜索策略得到的。朴素的串匹配算法效率不高的主要原因是：没有充分利用在搜索过程中已经得到的部分匹配信息。而 KMP 算法正是在这一点上对朴素的串匹配算法做了实质性的改进。在 KMP 算法中，当出现字符比较不相等的情况时，能够利用已经得到的部分匹配结果，将模式串向右滑动尽可能远的一段距离后继续进行比较。

在如表 6-1 所示的朴素的串匹配算法中，第 3 趟中当 $i=6$、$j=4$ 时，字符比较不相等。此时又从 $i=3$、$j=0$ 重新开始比较。然而从表中第 3 趟的部分匹配中，已经知道主串中位置 3、4、5 处的字符分别为 B、C 和 A。因此，在 $i=3$ 和 $j=0$、$i=4$ 和 $j=0$ 以及 $i=5$ 和 $j=0$ 这 3 次比较都是不必要的。此时，只要将模式串向右滑动 3 个字符的位置，继续进行 $i=6$ 和 $j=1$ 处的字符比较即可。同理，在第 1 趟中发现字符不相等时，只要将模式串向右滑动两个字符的位置，继续进行 $i=2$ 和 $j=0$ 处的字符比较。

在朴素的串匹配算法中，每趟匹配失败都是模式后移一位再从头开始比较。而某趟已匹配相等的字符序列是模式的某个前缀，这种频繁的重复比较相当于模式串在不断地进行自我比较，这就是其低效率的根源。因此，可以从分析模式本身的结构着手，如果已匹配相等的前缀序列中有某个后缀正好是模式的前缀，则可以将模式串向后滑动到与这个后缀对齐的位置，主串 i 指针无须回溯，并继续从该位置开始进行比较。模式串向后滑动位数的计算仅与模式本身的结构有关，与主串无关。

设主串为 $s_1 s_2 \cdots s_n$，模式串为 $p_1 p_2 \cdots p_m$，在 6.2.2 节的朴素的串匹配算法过程中有一个多次出现的关键状态，见表 6-2，其中 i 和 j 分别为主串和模式串中当前参与比较的两个字符的下标。

表 6-2　主串与模式串匹配关键状态

主串	…	s_{i-j+1}	s_{i-j+2}	…	s_{i-1}	s		…	
匹配情况		=	=	…	=	≠			
模式串		p_1	p_2	…	p_{j-1}	p_j	…	p_m	

模式串的前部某子串 $p_1 p_2 \cdots p_{j-1}$ 与主串中的一个子串 $s_{i-j+1} s_{i-j+2} \cdots s_{i-1}$ 匹配，而

p_j 与 s_i 不匹配。每当出现这种状态时,朴素的串匹配算法的做法是:一律将 i 赋值为 $i-j+2$,j 赋值为 1,重新开始比较。这个过程反映到表 6-2 中可以形象地表示为模式串先向后移动一个位置,然后从第一个字符 p_1 开始逐个和当前主串中对应的字符做比较;当再次发现不匹配时,重复上述过程。这样做的目的是试图消除 s 处的不匹配,进而开始 s_{i+1} 及其以后字符的比较,使得整个过程得以推进下去。

如果在模式串后移的过程中又出现了其前部某子串 $p_1 p_2 \cdots$ 与主串中某子串 $\cdots s_{i-2} s_{i-1}$ 相匹配的状态,则认为这是一个进步的状态。因为通过模式串后移排除了一些不可能匹配的状态,来到了一个新的局部匹配状态,并且此时 s_i 有了和模式串中对应字符匹配的可能性。为了方便表述,记图中描述的状态为 S_k,此处的新状态为 S_{k+1},此时可以将简单模式匹配过程看成一个由 S_k 向 S_{k+1} 推进的过程。当由 S_k 来到 S_{k+1} 时有两种情况可能发生:其一,s_i 处的不匹配被解决,从 s_{i+1} 继续往下比较,若来到新的不匹配字符位置,则模式串后移寻找状态 S_{k+2};其二,s_i 处的不匹配仍然存在,则模式串继续后移寻找状态 S_{k+2},如此进行下去,直到得到最终结果。

说明:为了使上述两种情况的表述看起来清晰工整且重点突出,此处省略了对匹配成功与失败这两种容易理解的情况的描述。模式串后移使 p_1 移动到 s_{i+1},即模式串整个移过 s_i 的情况也认为是 s_i 处的不匹配问题已被解决。

如果在匹配过程中可以省略掉模式串逐渐后移的过程,而从 S_k 直接跳到 S_{k+1},则可以大大提高匹配效率。基于这个想法,把 S_{k+1} 状态添加到表 6-2 中,得到了表 6-3。

表 6-3　匹配关键状态对比

	主串	$\cdots$	s_{i-j+1}	s_{i-j+2}	$\cdots$	s_{i-t+1}	s_{i-t+1}	$\cdots$	s_{i-2}	s_{i-1}	s_i	$\cdots$	
S_k	匹配情况		=	=	$\cdots$	=	=	$\cdots$	=	=	$\neq$		
	模式串		p_1	p_2	$\cdots$	p_{j-t+1}	p_{j-t+2}	$\cdots$	p_{j-2}	p_{j-1}	p_j	$\cdots$	p_m
S_{k+1}	匹配情况					=	=	$\cdots$	=	=	?	$\cdots$	
	模式串					p_1	p_2	$\cdots$	p_{t-2}	p_{t-1}	p_t		p_m

观察表 6-4,可以发现 $p_1 p_2 \cdots p_{j-1}$ 与 $s_{i-j+1} s_{i-j+2} \cdots s_{i-1}$ 是完全相同的,且研究的是如何从 S_k 跳到 S_{k+1},因此,表 6-3 关于主串的那一行完全可以删去,从而得到表 6-4。

表 6-4　F 串前后重合

S_k	模式串		p_1	p_2	$\cdots$	p_{j-t+1}	p_{j-t+2}	$\cdots$	p_{j-2}	p_{j-1}	p_j	$\cdots$	p_m	
S_{k+1}	匹配情况					=	=	$\cdots$	=	=	?	$\cdots$		
	模式串					p_1	p_2	$\cdots$	p_{t-2}	p_{t-1}	p_t		p_m	

由表 6-4 可知,$p_1 p_2 \cdots p_{t-1}$ 与 $p_{j-t+1} p_{j-t+2} \cdots p_{j-1}$ 匹配。其中 F 为 $p_1 p_2 \cdots p_{j-1}$,则记 $p_1 p_2 \cdots p_{t-1}$ 为 F_L,记 $p_{j-t+1} p_{j-t+2} \cdots p_{j-1}$ 为 F_R。所以,只需要将 F 后移到使得 F_L 与 F_R 重合的位置(如表 6-4 中灰色区域所示)即可实现从 S_k 直接跳至 S_{k+1}。

一般情况下,当发生不匹配时,找出模式串中的不匹配字符 p_j,取其之前的子串 $F = p_1 p_2 \cdots p_{j-1}$,将模式串后移,使 F 最先发生前部($F_L$)与后部($F_R$)相重合的位置(如表 6-4 中灰色区域所示),即为模式串应后移的目标位置。

【例 6-1】　以如表 6-5 所示的模式串为例,介绍求数组 next 的方法。

表 6-5   一个模式串

模式串	A	B	A	B	A	B	B
j	1	2	3	4	5	6	7

（1）当 j 等于 1 时发生不匹配，属于特殊情况，此时将 next[1]赋值成 0 来表示这个特殊情况。

（2）当 j 等于 2 时发生不匹配，此时 F 为"A"，属于特殊情况，即 next[2]赋值为 1。

（3）当 j 等于 3 时发生不匹配，此时 F 为"AB"，属于特殊情况，即 next[3]赋值为 1。

（4）当 j 等于 4 时发生不匹配，此时 F 为"ABA"，前部子串 A 与后部子串 A 重合，长度为 1，因此 next[4]赋值为 2（F 或 F_R 长度+1）。

（5）当 j 等于 5 时发生不匹配，此时 F 为"ABAB"，前部子串 AB 与后部子串 AB 重合，长度为 2，因此 next[5]赋值为 3。

（6）当 j 等于 6 时发生不匹配，此时 F 为"ABABA"，前部子串 ABA 与后部子串 ABA 最先发生重合，长度为 3，因此 next[6]赋值为 4。

（7）当 j 等于 7 时发生不匹配，此时 F 为"ABABAB"，前部子串 ABAB 与后部子串 ABAB 最先发生重合，长度为 4，因此 next[7]赋值为 5。

由此得到 next 数组，见表 6-6。

表 6-6   next 数组

模式串	A	B	A	B	A	B	B
j	1	2	3	4	5	6	7
next[j]	0	1	1	2	3	4	5

下面介绍一种适合转换成代码的高效的求 next 数组的方法。以 S_k 和 S_{k+1} 状态图中的情形为例，next[j]的值已经求得，则 next[$j+1$]的求值可以分两种情况来分析。

（1）若 p_j 等于 p_t，则 next[$i+1$]$=t+1$，其中 t 为 F_L 和 F_R 的长度。

（2）若 p_j 不等于 p_t，将 $p_{j-t+1}p_{j-t+2}\cdots p_j$；当作主串，$p_1p_2\cdots p_t$ 当作子串，则又回到了由状态 S_k 到 S_{k+1} 的过程，所以只需将 t 赋值为 next[t]，继续进行 p_j 与 p_t 的比较，如果满足（1）则求得 next[$i+1$]，不满足则重复 t 赋值为 next[t]，并比较 p_j 与 p_t 的过程。如果在这个过程中 t 出现等于 0 的情况，则应将 next[$j+1$]赋值为 1，此处类似于例 6-1 中讲到的特殊情况（2）。

经过上面的分析，可以写出求 next 数组的算法代码实现如下：

```python
def kmp_next(b):
    next_arr = [-1] * len(b)
    i = 0
    j = -1
    while i < len(b) - 1:
        if j == -1 or b[j] == b[i]:
            i += 1
            j += 1
            next_arr[i] = j
        else:
            j = next_arr[j]
    return next_arr
```

得到 next 数组之后,就可以得到知名的 KMP 算法,代码如下:

```
def kmp_index(a, b, pos = 0):
    i = pos
    j = -1
    kmp_next_arr = kmp_next(b)
    while i < len(a) and j < len(b):
        if j == -1 or a[i] == b[j]:
            i += 1
            j += 1
        else:
            j = kmp_next_arr[j]
    if j == len(b):
        return i - j
    else:
        return -1
if __name__ == '__main__':
    # index = str_index('sdfaabcddsdfssd', 'sdf', 1)
index = kmp_index('sdfaabcddsdfssd', 'df')
```

6.2.4 改进的串匹配算法

先看如表 6-7 所示的一种特殊情况。当 j 等于 5,发生不匹配时,因为 next[5]=4,所以需将 j 回溯到 4 进行比较;又因为 next[4]=3,所以应将 j 回溯到 3 进行比较……由此可见,j 需要依次在 5、4、3、2、1 的位置上进行比较,而模式串在 1~5 的位置上的字符完全相等,因此较为聪明的做法应该是在 j 等于 5 处发生不匹配时,直接跳过位置 1~4 的多余比较,这就是 KMP 算法改进的切入点。

表 6-7 一种特殊情况的 next 数组

模式串	A	A	A	A	A	B
j	1	2	3	4	5	6
next[j]	0	1	2	3	4	5

将表 6-7 的过程推广到一般情况:若 p_j 等于 p_{k1}($k1$ 等于 next[j]),则继续比较 p_j 与 p_{k2}($k2$ 等于 next[next[j]]),若仍相等则继续比较下去,直到 p_j 与 p_{kn} 不等(kn 等于 next[next[…next[j]…]],嵌套 n 个 next)或 kn 等于 0 时,则 next[j]重置为 kn。一般保持 next 数组不变,而用名为 nextval 的数组来保存更新后的 next 数组,即当 p_j 与 p_{km} 不等时,nextval[j]赋值为 kn。

下面通过例 6-2 了解 nextval 的推导过程。

【例 6-2】 求模式串 ABABAAB 的 next 数组和 nextval 数组。

首先求出 next 数组,见表 6-8。

表 6-8 例 6-2 中的 next 数组

模式串	A	B	A	B	A	A	B
j	1	2	3	4	5	6	7
next[j]	0	1	1	2	3	4	2

(1) 当 j 为 1 时,nextval[1]赋值为 0,特殊情况标记。

(2) 当 j 为 2 时,p_2 为 B,p_{k1}($k1$ 等于 next[2],值为 1)为 A,两者不等,因此 nextval[2]赋

值为 $k1$,值为 1。

（3）当 j 为 3 时,p_3 为 A,p_{k1}($k1$ 等于 next[3],值为 1)为 A,两者相等,因此应先判断 $k2$ 是否为 0,而 $k2$ 等于 next[next[3]],值为 0,所以 nextval[3]赋值为 $k2$,值为 0。

注意:步骤（3）中 p_3 与 p_{k1}($k1$ 等于 next[3]）比较相等后,按照之前的分析应先判断 $k2$ 是否为 0,再让 p_3 继续与 p_{k2} 比较,此时 nextval[next[3]]即 nextval[1]的值已经存在,故只需直接将 nextval[3]直接赋值为 nextval[1]即可,即 nextval[3]＝nextval[1]＝0。

推广到一般情况为:当 p_j 等于 p_{k1}($k1$ 等于 next[j]）时,只需让 nextval[j]赋值为 nextval[nexti[j]]即可。原因有两点:

① nextval 数组是从下标 1 开始逐渐往后求得的,所以在求 nextval[j]时,nextval[next[j]]必已求得;

② nextval[next[j]]为 p_j 与 p_{k2} 到 p_{kn} 比较结果的记录,因此无须再重复比较。

（4）当 j 为 4 时,p_4 为 B,p_k(k 等于 next[4]）为 B,两者相等,因此 nextval[4]赋值为 nextval[next[4]],值为 1。

（5）当 j 为 5 时,p_5 为 A,p_k(k 等于 next[5]）为 A,两者相等,因此 nextval[5]赋值为 nextval[next[5]],值为 0。

（6）当 j 为 6 时,p_6 为 A,p_k(k 等于 next[6]）为 B,两者不等,因此 nextval[6]赋值为 next[6],值为 4。

（7）当 j 为 7 时,p_7 为 B,p_k(k 等于 next[7]）为 B,两者相等,因此 nextval[7]赋值为 nextval[next[7]],值为 1。

由此求得的 nextval 数组见表 6-9。

表 6-9 例 6-2 中的 nextval 数组

模式串	A	B	A	B	A	A	B
j	1	2	3	4	5	6	7
next[j]	0	1	1	2	3	4	2
nextval[j]	0	1	0	1	0	4	1

总结一下,求解 nextval 的一般步骤如下:

（1）当 j 等于 1 时,nextval[j]赋值为 0,作为特殊标记。

（2）当 p_j 不等于 p_k 时(k 等于 next[j]）,nextval[j]赋值为 k。

（3）当 p_j 等于 p_k 时(k 等于 next[j]）,nextval[j]赋值为 nextval[k]。

所以求 next 数组的代码改进如下:

```python
def kmp_next_optimize(b):
    next_arr = [-1] * len(b)
    i = 0
    j = -1
    while i < len(b) - 1:
        if j == -1 or b[j] == b[i]:
            i += 1
            j += 1
            if b[j] != b[i]:
                next_arr[i] = j
            else:
```

```
                next_arr[i] = next_arr[j]
        else:
            j = next_arr[j]
    return next_arr
```

6.3 最长公共子串搜索问题

6.3.1 什么是最长公共子串搜索

对于给定的两个长度分别为 m 和 n 的字符串 S_1 和 S_2,最长公共子串问题就是要找出 S_1 和 S_2 的长度最长的公共子串。注意到字符串 S_1 的任一子串都是它的某个后缀的前缀。因此,要找出 S_1 和 S_2 的长度最长的公共子串,就是要计算 S_1 后缀和 S_2 后缀的公共前缀的最大值。

通过比较 S_1 和 S_2 的所有后缀就可以找出它们的最长的公共子串。但这样做的效率不够高。利用后缀数组这一有效工具,可以设计出高效算法。算法的基本思想是用一个新的字符串 $S=S_1\$S_2$ 表示两个输入字符串。其中,\$ 是不在 S_1 和 S_2 中出现的字符。

接下来先介绍后缀数组的概念,再介绍高效算法。

6.3.2 后缀数组

1. 后缀数组的定义

后缀数组是将一个字符串的所有后缀按照字典序排序的字符串数组。确切地说,后缀数组的输入是一个文本串 $t[0..n-1]$。记 t 的第 i 个后缀为 $S_i=t[i..n-1]$。后缀数组的输出是一个数组 $sa[0..n-1]$,其中元素是 $0,1,\cdots,n-1$ 的一个排列,满足:

$$S_{sa[0]} < S_{sa[1]} < \cdots < S_{sa[n-1]}$$

其中,<是按字典序比较字符串。由于 t 的任何两个不同的后缀不会相等,因此,上述排序可以看作是严格递减的。

2. 后缀数组排序

【例 6-3】 设文本串是 $t[0..n-1]=$ AACAAAAC,对 t 进行后缀排序。

步骤一,先构建文本串 t 的全部后缀,如表 6-10 所示。

表 6-10 文本串 t 的后缀

S_0	A	A	C	A	A	A	A	C
S_1	A	C	A	A	A	A	C	
S_2	C	A	A	A	A	C		
S_3	A	A	A	A	C			
S_4	A	A	A	C				
S_5	A	A	C					
S_6	A	C						
S_7	C							

步骤二,将文本串 t 的全部后缀排序后得到后缀数组 sa,如表 6-11 所示。

表 6-11　后缀数组 sa

sa[0]=3	A	A	A	A	C			
sa[1]=4	A	A	A	C				
sa[2]=5	A	A	C					
sa[3]=0	A	A	C	A	A	A	A	C
sa[4]=6	A	C						
sa[5]=31	A	C	A	A	A	A	C	
sa[6]=7	C							
sa[7]=2	C	A	A	A	A	C		

通过上述两步，可构造文本串 $t[0..n-1]=\text{AACAAAAC}$ 的后缀数组 sa：
$$\text{sa}[]=[3,4,5,0,6,1,7,2]。$$

3. 后缀数组的秩数组

对于任一有序集中元素组成的数组 $S[0,n-1]$，其数组元素 $S[i]$ $(0\leqslant i<n)$ 的秩 $\text{rank}[i]$ 定义为 $|\{s[j]\,|\,s[j]<s[i],0\leqslant j<n\}|$，即 $\text{rank}[i]$ 是数组 $S[0,n-1]$ 中比数组元素 $s[i]$ 小的元素个数。对于与后缀数组 sa 相应的秩数组有 $\text{rank}=\text{sa}^{-1}$，即若 $s[i]=j$，则 $\text{rank}[j]=i$。

则对于例 6-3 得到的后缀数组，有 $\text{rank}=[3,5,7,0,1,2,4,6]$。

4. 后缀数组类

按照后缀数组的定义，显然可以用字符串排序算法将 t 的 n 个后缀排序后再构造出后缀数组 sa。由此可建立一个后缀数组类 Suffix 如下：

```
sa = []
def Suffix(self,str):
n = str.Length()
        sa = []
        self.build(str)
def build(str):
    n = str.length()
suffixes = []
for i in range(n):
        suffixes[i] = str.substring(i)
list.sort(suffixes)
    for i in range(n):
        sa[i] = n - suffixes[i].length()
```

6.3.3　最长公共子串搜索算法

计算 s 的后缀数组 sa 和最长公共前缀数组 lcp。注意到，最长公共前缀数组 lcp 中的最大值就是 s 的所有后缀中的公共前缀的最大值。当然，这两个后缀有可能同属于 s1 或 s2。排除两个后缀同属于 s1 或 s2 的情形，就找到了 s 中分别属于 s1 和 s2 后缀中的公共前缀的最大值。这就是要找的 s1 和 s2 最长的公共子串的长度。

按照这个思路，可以设计出最长公共子串搜索算法代码如下：

```
def longest(s1,s2):

    ans = 0
    m = s1.length();
    n = s1.length() + s2.length()
```

```
        t = change(s1,s2)
        sa = []
        lcp = []

        suf = SuffixDC3(t)
        sa = suf.sa
        lcp = suf.lcp
        for i in range(n-1):
            if (lcp[i] > ans and diff(sa, m, i))ans = lcp[i];
        return ans
```

在函数 longest() 的第 5 行的 change 将两个输入字符串 s1 和 s2 变换成一个新的字符串 t＝s10s20：

```
def change(s1,s2):
    m = s1.length()
    n = s2.length()
    t = s1 + "0" + s2 + "0"
    return t
```

在函数 longest() 的第 6～10 行计算字符串 t 的后缀数组 sa 和最长公共前缀数组 lcp。接着在算法的第 11～13 行计算所有后缀中的公共前缀的最大值。其中，用到 diff 来判断相邻的两个后缀是否属于同一输入字符串：

```
private static boolean diff(int []sa,int m,int i){
//相邻两个后缀判断
return (m < sa[i]&& m > sa[i+1]) || (m > sa[i]&& m < sa[i+1]);
    }
```

上述算法的主要计算量在于构造字符串 t 的后缀数组 sa 和最长公共前缀数组 lcp。这需要 $O(m+n)$ 的计算时间。由此可见，用字符串的后缀数组这一工具，可以在 $O(m+n)$ 时间找出 s1 和 s2 的最长的公共子串。

6.4　串与序列问题的应用案例

【例 6-4】　字符串统计，给定一个长度为 n 的字符串 S，还有一个数字 L，统计 S 的长度大于或等于 L 的出现次数最多的子串（不同的出现可以相交），如果有多个串，则输出最长的；如果仍然有多个串，输出第一次出现的。

输入格式如下。

（1）第一行一个数字 L，样例 1 输入：4；样例 2 输入：2。

（2）第二行是字符串 S（L 大于 0，且不超过 S 的长度），样例 1 输入：bbaabbaaaaa；样例 2 输入：bbaabbaaaaa。

输出格式如下：一行输出，且符合题目要求的字符串，约定 n≤0，S 中所有字符都是小写英文字母。则样例 1 输出为 bbaa；样例 2 输出为 aa。

提示：

（1）输入 S、L，取长度为 len 的子串，初值 len＝L。

（2）将长度为 len 的第一个子串保存到队列中，随后取长度为 len 的下一个子串，如果队列中已有该子串，则计数加 1；否则，将该子串添加到队列中。

（3）所有长度为 len 的子串均处理完毕，len 加 1，直到 len 大于所给字符串的长度。

代码实现如下：

```python
L = int(input())
S = input()
dict = {}
count = 1
i = 0
while i <= len(s) - L :
    j = L + i
    while j <= len(s) :
        s1 = s[i:j]
        if tuple(s1) in dict :
            dict[tuple(s1)] += 1
        else:
            dict[tuple(s1)] = 1
        j += 1
    i += 1
L = sorted(dict.items(),key = lambda item:item[1],reverse = True)
for i in L[0][0]:
    print(str(i),end = "")
```

【例 6-5】　从串 str 中的 pos 位置起，求出与 substr 串匹配的子串的位置，如果 str 为空串，或者串中不含与 substr 匹配的子串，则返回−1 作为标记。

代码实现如下：

```
def KMP (Str str,Str substr,int pos):
int i = pos,j = 1;
while(i <= str.length and j <= substr.length):
if(j == 0 or str.ch[i] == substr.ch[31]):
++i
++j
else:
j = next[j]
if(j > substr. length):
return i − substr. length
else:
    return −1
```

6.5　作业与思考题

1. 选择题

（1）空格串与空串是相同的，这种说法（　　）。

　　A. 正确　　　　　　B. 错误

（2）串是一种特殊的线性表，其特殊性体现在（　　）。

　　A. 可以顺序存储

　　B. 数据元素是一个字符

　　C. 可以链式存储

　　D. 数据元素是多个字符

（3）设有两个串 p 和 q，求 q 在 p 中首次出现的位置的运算称为（　　）。

    A. 连接   B. 模式匹配   C. 求子串   D. 求串长

（4）设串 s1 为"ABCDEFG"，s2 为"PQRST"，函数 con(x,y) 返回 x 和 y 串的连接串，subs(s,i,j) 返回 S 的从序号 i($0 \leq i \leq len(s)-1$)处字符开始的 j 个字符组成的子串，len(s) 返回串 S 的长度，则 con(subs(s1,1,len(s2)),subs(s1,len(s2)-1,2)) 的结果是（　　）。

    A. BCDEF   B. BCDEFG   C. BCPQRST   D. BCDEFEF

（5）串的两种最基本的存储方式是（　　）。

    A. 顺序存储方式和链式存储方式   B. 顺序存储方式和堆存储方式

    C. 堆存储方式和链式存储方式   D. 堆存储方式和数组存储方式

（6）两个串相等的充分必要条件是（　　）。

    A. 两串长度相等

    B. 两串所包含的字符集合相等

    C. 两串长度相等且对应位置的字符相等

    D. 两串长度相等且所包含的字符集合相等

（7）在用 KMP 算法进行模式匹配时，模式串"abababaababaa"的 next 数组值为（　　）。

    A. 0,1,2,3,4,5,6,7,8,9,9,9   B. 0,1,2,1,2,1,1,1,1,2,1,2

    C. 0,1,1,2,3,4,2,2,3,4,5,6   D. 0,1,2,3,0,1,2,3,2,2,3,4

（8）在用 KMP 算法进行模式匹配时，模式串"abababaababaa"的 nextval 数组值为（　　）。

    A. 0,1,0,1,0,4,2,1,0,1,0,4   B. 0,1,0,1,1,4,1,1,0,1,0,2

    C. 0,1,0,1,1,2,0,1,0,1,0,2   D. 0,1,1,1,0,2,1,1,0,1,0,4

2. 综合题

（1）将串 str 中所有值为 ch1 的字符转换成 ch2 的字符，如果 str 为空串，或者串中不含值为 ch1 的字符，则什么都不做。

（2）实现串 str 的逆转函数，如果 str 为空串，则什么都不做。

第7章

组合问题

7.1　组合优化问题的应用背景

组合(最)优化问题是最优化问题的一类。组合优化问题分成两类：一类是连续变量的问题；另一类是离散变量的问题。具有离散变量的问题称为组合。在连续变量的问题中，一般是求一组实数，或者一个函数；在离散变量问题里，是从一个无限集或者可数无限集里寻找一个对象——典型地是一个整数、一个集合、一个排列或者一个图。这两类问题有相当不同的特色，并且求解它们的方法也很不同。

典型的组合优化问题有：

(1) 旅行商问题(Traveling Salesman Problem，TSP)；

(2) 生产调度问题(production scheduling problem)，如 Flow-Shop 或 Job-Shop；

(3) 0-1 背包问题(Knapsack problem)；

(4) 装箱问题(bin packing problem)；

(5) 图着色问题(graph coloring problem)；

(6) 聚类问题(clustering problem)；

(7) 最大团问题。

这些问题描述非常简单并且有很强的工程代表性，但组合优化问题求解很困难。其主要原因是求解这些问题的算法需要极长的运行时间与极大的存储空间，以致根本不可能在现有计算机上实现。正是这些问题的代表性和复杂度激起了人们对组合优化理论与算法的研究兴趣。

7.2　动态规划算法

7.2.1　什么是动态规划算法

在现实生活中，有一类活动的过程，由于它的特殊性，可将过程分成若干个互相联系的阶段,在它的每一阶段都需要做出决策,从而使整个过程达到最好的活动效果。因此,各阶段决策的选取不能任意确定,它依赖于当前面临的状态,且影响以后的发展。当各个阶段决策确定后,就组成一个决策序列,因而也就确定了整个过程的一条活动路线。这种把一个问题看作是一个前后关联的具有链状结构的多阶段过程就称为多阶段决策过程,这种采用多阶段最优化决策解决问题的过程就被称为动态规划。

1. 动态规划的基本思想

动态规划算法通常用于求解具有某种最优性质的问题。在这类问题中,可能会有许多可行解。每一个解都对应一个值,我们希望找到具有最优值的解。动态规划算法与分治法类似,其基本思想也是将待求解问题分解成若干个子问题,先求解子问题,然后从这些子问题的解得到原问题的解。与分治法不同的是,适合于用动态规划求解的问题,经分解得到的子问题往往不是互相独立的。若用分治法来解这类问题,则分解得到的子问题数目太多,有些子问题会被重复计算多次。

如果能够保存已解决的子问题的答案,在需要时再找出已求得的答案,这样就可以避免大量的重复计算,从而节省时间。我们可以用一个表来记录所有已解的子问题的答案。不管该子问题以后是否被用到,只要它被计算过,就将其结果填入表中。这就是动态规划的基本思路。具体的动态规划算法多种多样,但它们具有相同的填表格式。

2. 动态规划的约束条件

任何思想方法都有一定的局限性,超出了特定条件,它就失去了作用。同样,动态规划也并不是万能的。适用动态规划的问题必须满足以下 3 点。

(1) 最优化原理(最优子结构性质)。一个最优化策略具有这样的性质,不论过去的状态和决策如何,对前面的决策所形成的状态而言,余下的各个决策必须构成最优策略。简言之,即一个最优化策略的子策略总是最优的。若一个问题满足最优化原理,则称其具有最优子结构性质。

(2) 无后向性。将各阶段按照一定的次序排列好之后,对于某个给定的阶段状态,它以前各阶段的状态无法直接影响它未来的决策,而只能通过当前的这个状态。换句话说,每个状态都是对历史的一个完整总结。这就是无后向性,又称为无后效性。

(3) 子问题的重叠性。动态规划算法的关键在于解决冗余,这是动态规划算法的根本目的。动态规划实质上是一种以空间换时间的技术,它在实现过程中,不得不存储产生过程中的各种状态,所以它的空间复杂度要大于其他的算法,选择动态规划算法是因为在空间上可以承受,所以舍空间效率而取时间效率。

7.2.2 动态规划算法求解

动态规划所处理的问题是多阶段决策问题,一般由初始状态开始,通过对中间阶段决策的选择,达到结束状态。一般性问题的求解基本步骤如下所示:

(1) 判断问题是否具有最优子结构性质,若不具备则不能采用动态规划解决;

(2) 将问题分成若干个子问题(分阶段);

(3) 建立状态转移方程(递推公式);

(4) 找出边界条件;

(5) 将已知边界值代入方程;

（6）递推求解。

动态规划算法需要注意以下几点：

（1）动态规划算法是一种求解最优化问题的重要算法策略。

（2）动态规划算法的子问题往往是重叠的。如果采用与分治法类似的直接递归方法求解将十分费时。为了避免重复计算，动态规划算法一般采用自底向上的方式进行计算，并保存已经求解的子问题的最优解值。

（3）利用最优子结构性质及所获得的递推关系式（较小子问题最优解与较大子问题最优解之间存在的数值关系）去求取最优解，可以使计算量较之穷举法急剧减少。

7.2.3　动态规划算法的应用案例

动态规划是运筹学的一个分支，是问题决策过程最优化的过程。其基本思想是：将待求解问题分解为若干个子问题，先求解子问题，再从这些子问题的解中得到原问题的解。只是使用动态规划求解的问题需要满足最优子结构性质、无后效性和子问题的重叠性3个性质，而背包问题正好满足了这3个性质，因此可以使用动态规划算法解决背包问题。

1. 问题描述

给定一组物品，每种物品都有自己的重量和价格，物品重量：2,3,3,3,1,2；物品价值：4,3,2,4,3,3。在限定的总重量内，如何选择才能使得物品的总价格最高？

2. 算法过程描述

首先初始化一个二维数组，用于保存状态。然后尝试将每一件物品放入背包中，当背包的可容纳重量大于或等于当前物品时，则与之前放入的物品所得价值进行比较，如果比之前放入物品的价值大，则放入当前物品；如果比之前放入物品的价值小，则保持原样。

3. 背包求解函数

该函数利用动态规划算法求解背包问题，并输出最大价值与背包中存放的物品，同时存储输出结果（注：此部分需要保存/运行文件才能通过检测）。函数的实现代码如下：

```
♯ coding = utf - 8
def knapsack(obj_num,kna_total_weight,obj_weight,obj_value):
    '''
    背包问题求解
    :param obj_num: 物品数量
    :param kna_total_weight: 背包承重
    :param obj_weight: 物品重量
    :param obj_value: 物品价值
    :return:
    '''
    ♯ 记录背包中物品价值的数组
    values = [[0 for j in range(kna_total_weight + 1)] for i in range(obj_num + 1)]
    for i in range(1, obj_num + 1):
        for j in range(1, kna_total_weight + 1):
            values[i][j] = values[i - 1][j]
            ♯ 判断是否进行更换物品
            if j >= obj_weight[i - 1] and values[i][j] < values[i - 1][j - obj_weight[i -
1]] + obj_value[i - 1]:
                values[i][j] = values[i - 1][j - obj_weight[i - 1]] + obj_value[i - 1]
    with open("results.txt",'w',encoding = 'utf - 8') as f:
```

```
result = '能获取的最大价值为:%d' % values[obj_num][kna_total_weight]
print(result)
f.write(result + '\n')
# 查找背包中的物品
x = [False for i in range(obj_num)]
j = kna_total_weight
for i in range(obj_num, 0, -1):
    if values[i][j] > values[i - 1][j]:
        x[i - 1] = True
        j -= obj_weight[i - 1]
result = '最大价值时背包中所装物品为:'
for i in range(obj_num):  # 输出物品名称
    if x[i]!= False:
        result += '第' + str(i + 1) + '个,'
print(result)
f.write(result + '\n')
```

4. 主函数

该函数主要负责程序的逻辑,且提供测试用例并调用背包求解函数(注:此部分需要保存/运行文件才能通过检测)。实现代码如下:

```
if __name__ == "__main__":
    obj_num = 6
    kna_total_weight = 9
    obj_weight = [2, 3, 3, 3, 1, 2]
    obj_value = [4, 3, 2, 4, 3, 3]
knapsack(obj_num, kna_total_weight, obj_weight, obj_value)
```

5. 运行代码

单击屏幕下方的 Terminal 按钮,出现命令行窗口,在命令行窗口中输入"python3 KnapsackAlgorithm",并按 Enter 键,如图 7-1 所示。

```
 python3 KnapsackAlgorithm

 D:\develop_env\anaconda\python.exe "D:\develop_code\learn_torch\logs\python3 KnapsackAlgorithm.py"
 能获取的最大价值为: 14
 最大价值时背包中所装物品为:第1个,第2个,第4个,第5个,

 Process finished with exit code 0
```

图 7-1 命令窗口

代码正式开始运行,等待程序运行完成,单击软件的目录部分,可以看到,在目录界面多出了 results.txt 文件,如图 7-2 所示。

打开 results.txt 文件,可以看到其中保存着上述测试用例对于背包问题下的输出结果,如图 7-3 所示。

```
 python3 KnapsackAlgorithm.py
 results.txt
```

图 7-2 目录界面

```
 results.txt

1  能获取的最大价值为:14、
2  最大价值时背包中所装物品为:第1个,第2个,第4个,第5个
3
```

图 7-3 输出界面

6．案例总结

本案例主要使用动态规划算法求解背包问题。案例中将背包问题分解为一个个子问题进行求解，只需要保证每个子问题的答案为最优解，即可获得整个问题的最优解。当然求解背包问题的方法有很多种，动态规划算法求解只是其中一种，如果实验者希望用更多的算法进行尝试，则可以先行尝试使用贪心算法求解背包问题。

7.3　贪心算法

7.3.1　什么是贪心算法

贪心算法通过一系列的选择得到问题的解，它所做出的每一个选择都是当前状态下的局部最好选择，即贪心选择。这种启发式的策略并不总能获得最优解，然而在许多情况下确实能达到预期目的。对于一个具体的问题，怎么知道是否可用贪心算法解此问题，以及能否得到问题的最优解呢？对这个问题很难给予肯定的回答。但是，从许多可以用贪心算法求解的问题中可以看到，这类问题一般具有两个重要的性质：贪心选择性质和最优子结构性质。

所谓贪心选择性质，是指所求问题的整体最优解可以通过一系列局部最优的选择，即贪心选择来达到。这是贪心算法可行的第一个基本要素，也是贪心算法与动态规划算法的主要区别。

在动态规划算法中，每步所做出的选择往往依赖于相关子问题的解。因而只有在解出相关子问题后，才能做出选择。在贪心算法中，仅在当前状态下做出最好选择，即局部最优选择；然后再去解做出这个选择后产生的相应的子问题。贪心算法所做出的贪心选择可以依赖于以往所做过的选择，但绝不依赖于将来所做的选择，也不依赖于子问题的解。正是由于这种差别，动态规划算法通常以自底向上的方式解各子问题，而贪心算法则通常以自顶向下的方式进行，通过迭代做出相应的贪心选择，每做出一次贪心选择就将所求问题简化为规模更小的子问题。

7.3.2　贪心算法求解

1．算法的基本思路

从问题的某一个初始解出发逐步逼近给定的目标，以尽可能快的求得更好的解，当达到算法中的某一步不能再继续前进时算法停止。

2．算法实现

（1）从问题的某个初始解出发。

（2）采用循环语句，当可以向求解目标前进一步时，就根据局部最优策略，得到一个部分解，缩小问题的范围或规模。

（3）将所有部分解综合起来，得到问题的最终解。

3．算法应用

大多数可以使用贪心算法的问题具有以下特点：

（1）原问题复杂度过高。

（2）求全局最优解的数学模型难以建立。

（3）求全局最优解的计算量过大。

（4）没有太大必要一定要求出全局最优解，"比较优"就可以。

7.3.3 贪心算法的应用案例

与0-1背包问题类似，所不同的是在选择物品装入背包时，可以选择物品 i 的一部分，而不一定要全部装入背包，$1 < i < n$。此问题的形式化描述是，给定 $C > 0, w_i > 0, v_i > 0$，$1 \leqslant i \leqslant n$，要求找出一个 n 元向量 $(x_1, x_2, \cdots, x_n), 0 \leqslant x_i \leqslant 1, 1 \leqslant i \leqslant n$，使得 $\sum_{i=1}^{n} w_i v_i \leqslant C$，而且 $\sum_{i=1}^{n} w_i x_i$ 达到最大。

这两类问题都具有最优子结构性质，极为相似，但背包问题可以用贪心算法求解，而0-1背包问题却不能用贪心算法求解。

用贪心算法解背包问题的基本步骤如下：首先计算每种物品单位重量的价值 $\dfrac{v_i}{x_i}$，然后根据贪心选择策略，将尽可能多的单位重量价值最高的物品装入背包。若将这种物品全部装入背包后，背包内的物品总重量未超过 C，则选择单位重量价值次高的物品并尽可能多地装入背包。依此策略一直进行下去，直到背包装满为止。

具体算法代码实现如下：

```
m = eval(input('可承载的最大重量:'))
h = eval(input('物品重量:'))
v = eval(input('物品价值:'))
# 计算权重, 整合得到一个数组
arr = [(i,v[i]/h[i], h[i], v[i]) for i in range(len(h))]

# 按照 list 中的权值,从大到小排序
arr.sort(key = lambda x:x[1], reverse = True)        # list.sort() list 排序函数

bagVal = 0
bagList = []
for i,w,h,v in arr:
    # 1 如果能放的下物品,则把物品全放进去
    if w <= m:
        m -= h
        bagVal += v
        bagList.append(i)

    # 2 如果物品不能完全放下,则考虑放入部分物品
    else:
        bagVal += m * w
        bagList.append(i)
        break

print('\n 排序后:',arr)
print('能运走的最大价值:%.2f' % bagVal,'此时承载的物品有:',bagList)
```

运行结果如图 7-4 所示。

```
G:\python\python.exe G:/pyProject/pycharmproject/bai/demo1.py
可承载的最大重量: 10
物品重量: 2,3,4,7
物品价值: 1,3,5,9

排序后: [(3, 1.2857142857142858, 7, 9), (2, 1.25, 4, 5), (1, 1.0, 3, 3), (0, 0.5, 2, 1)]
能运走的最大价值: 13.00 此时承载的物品有: [3, 2, 1]

进程已结束，退出代码为 0
```

图 7-4　运行结果

7.4　最优装载问题

7.4.1　什么是最优装载问题

有一批集装箱要装上一艘载重量为 C 的轮船，其中集装箱 i 的重量为 w_i。

1. 贪心选择的性质

设集装箱已依其重量从小到大排序，$(x_1, x_2, \cdots, x_n)$ 是最优装载问题的一个最优解。又设 $k = \min_{1 \leqslant i \leqslant n} \{i \mid x_i = 1\}$。易知，如果给定的最优装载问题有解，则 $1 \leqslant k \leqslant n$。

(1) 当 $k = 1$ 时，$(x_1, x_2, \cdots, x_n)$ 是一个满足贪心选择性质的最优解。

(2) 当 $k > 1$ 时，取 $y_1 = 1, y_k = 0, y_i = x_i, 1 \leqslant i \leqslant n, i \neq k$ 则

$$\sum_{i=1}^{n} w_i y_i = w_1 - w_k + \sum_{i=1}^{n} w_i x_i \leqslant \sum_{i=1}^{n} w_i x_i \leqslant C$$

因此，$(y_1, y_2, \cdots, y_n)$ 是所给最优装载问题的可行解。

另一方面，由 $\sum_{i=1}^{n} y_i = \sum_{i=1}^{n} x_i$ 知，$(y_1, y_2, \cdots, y_n)$ 是满足贪心选择性质的最优解。所以，最优装载问题具有贪心选择性质。

2. 最优子结构性质

设 $(x_1, x_2, \cdots, x_n)$ 是最优装载问题的满足贪心选择性质的最优解，容易知道，$x_1 = 1$，且 $(x_2, x_3, \cdots, x_n)$ 是轮船载重量为 $C - w_1$、待装船集装箱为 $\{2, 3, \cdots, n\}$ 时相应最优装载问题的最优解。也就是说，最优装载问题具有最优子结构性质。

由最优装载问题的贪心选择性质和最优子结构性质，容易证明算法的正确性。算法的主要计算量在于将集装箱依其重量从小到大排序，故算法所需的计算时间为 $O(n \log n)$。

7.4.2　最优装载问题求解

有一批集装箱要装上一艘载重量为 C 的轮船。其中集装箱 i 的重量为 w_i。最优装载问题要求确定在装载体积不受限制的情况下，将尽可能多的集装箱装上轮船。该问题可形式化描述为：

$$\max \sum_{i=1}^{n} x_i \quad \sum_{i=1}^{n} w_i x_i \leqslant C$$
$$x_i \in \{0, 1\}, \quad 1 \leqslant i \leqslant n$$

其中，$x_i = 0$ 表示不装入集装箱 i；$x_i = 1$ 表示装入集装箱 i。

最优装载问题可用贪心算法求解。采用重量最轻者先装的贪心选择策略，可产生最优装载问题的最优解。

7.4.3 最优装载问题的应用案例

1. 贪心选择策略

原问题的最优解可以通过一系列局部最优得到，即每一步都采取当前状态下最优的选择（局部最优解），从而希望推导出全局的最优解。

2. 最优子结构性质

一个问题的最优解是否包含其子问题的最优解。

例如，容器体积为 20，物品体积 $L[i]$：4，1，3，2，7，12，11，7，选择装载最多的物品。算法设计如下：

（1）当容器体积为定值 C 时，$L[i]$ 越小，可能装载的物品数量 n 就越大，只要依次选择最小的物品，直到不能装为止。

（2）把 n 个物品的重量从小到大（非递减）排序，然后根据贪心选择算法尽可能多地选出前 i 个物品，直到不能继续装为止，此时达到最优。

具体代码如下：

```python
class greedy:
    l1 = []
    ans = 0         # 代表已经装载物品的个数
    tmp = 0         # 代表物品的体积
    c = 0           # 载重量
    def __init__(self,lists,c):
        self.c = c
        self.l1 = lists

    def load(self):
        self.l1.sort()
        print(self.l1)
        # 按照贪心算法寻找最优解
        for i in self.l1:
            self.tmp += i
            if(self.tmp <= self.c):
                self.ans += 1
                print('存入:',i)
            else:
                break

        return self.ans

# Test:
g1 = greedy([4,1,3,2,7,12,11,7],20)
print('个数:',g1.load())
```

运行结果如图 7-5 所示。

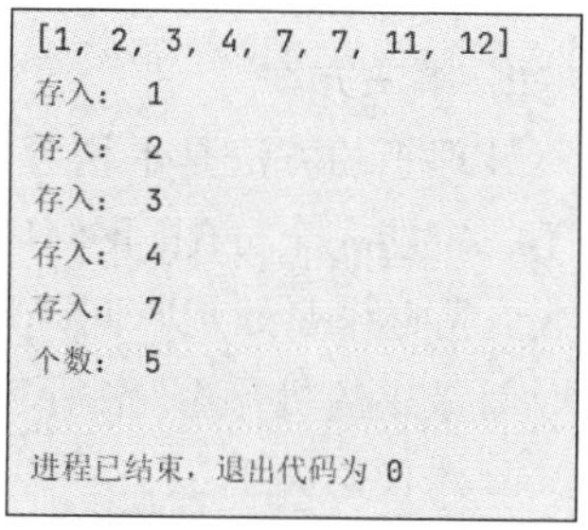

```
[1, 2, 3, 4, 7, 7, 11, 12]
存入：1
存入：2
存入：3
存入：4
存入：7
个数：5

进程已结束，退出代码为 0
```

图 7-5 运行结果

7.5　多机调度问题

7.5.1　什么是多机调度问题

设有 n 个独立的作业$\{1,2,\cdots,n\}$，由 m 台相同的机器进行加工处理。作业 i 所需的处理时间为 t_i。现约定，每个作业均可在任何一台机器上加工处理，但未完工前不允许中断处理，作业不能拆分成更小的子作业。多机调度问题要求给出一种作业调度方案，使所给的 n 个作业在尽可能短的时间内由 m 台机器加工处理完成。

这个问题是 NP 完全问题，到目前为止还没有有效的解法。对于这一类问题，用贪心算法有时可以设计出较好的近似算法。采用最长处理时间作业优先的贪心算法可以设计出解决多机调度问题的较好的近似算法。按此策略，当 $n \leqslant m$ 时，只要将机器 i 的$[0,t_i]$时间区间分配给作业 i 即可。当 $n > m$ 时，首先将 n 个作业依其所需的处理时间从大到小排序，然后依此顺序将作业分配给空闲的处理机。

7.5.2　多机调度问题求解

贪心算法伪代码实现：

```
输入：总作业数 n，每个作业所需要的时间 a[]，m 台机器
输出：n 个作业在 m 台机器近似最短处理时间
1：sort(a,n)
2：if(n<=m) then return a[0]            //每一个作业分配一台机器即可
3：else
4：    for i=0 to n
5：    min ← findmin(machine,m)    //在 m 台机器里面查找空闲的机器或者耗时最短的机器
6：    machine[min] ← machine[min]+a[i]
7：return max｛machine［0,m］｝
```

7.5.3　多机调度问题的应用案例

1. 问题描述

有 n 个独立作业，每个作业处理时间为 t_i，有 m 个相同的机器加工处理，约定每个作业可以在任何一台机器上加工处理，未完工前不允许中断处理，作业不能拆分成更小的子作业。要求在最短时间内完成，求最短时间。

2. 解决方案

最理想的方法是平均分配，每台机器处理的时间相同，最后同时处理完任务。实际情况中不一定能完全分配，我们应尽量缩小各个机器处理时间的差距，用贪心算法可以比较好地解决：先将作业处理时间降序排列，机器依次将作业加工处理，每次安排在处理当前工作量总时间最小的机器上，最后求得最短时间。

具体代码如下：

```python
import random
def main():
    Machine = 4
    time = []
```

```
for i in range(100):
    time.append(random.randint(1,100))
time.sort()
time.reverse()
print time
total = [0,0,0,0]
for i in time:
    min_time = total[0]
    k = 0
    for j in range(1,4):
        if min_time > total[j]:
            k = j
            min_time = total[j]
    total[k] += i

print total
return 0

if __name__ == '__main__':
main()
```

运行结果如图 7-6 所示。

```
[99, 99, 97, 96, 92, 92, 88, 88, 88, 87, 86, 86, 86, 85, 85, 85, 82,
 81, 80, 79, 79, 79, 78, 75, 73, 72, 71, 70, 70, 69, 69, 69, 68, 66,
 65, 63, 61, 58, 57, 56, 55, 55, 53, 51, 49, 49, 49, 48, 48, 46, 45,
 43, 42, 42, 42, 42, 42, 41, 39, 35, 35, 34, 33, 31, 31, 30, 29, 27,
 26, 25, 25, 23, 23, 21, 21, 19, 18, 18, 18, 17, 16, 15, 15, 15, 14,
 14, 12, 11, 10, 10, 9, 8, 8, 6, 6, 5, 5, 3, 2, 2]
[1183, 1184, 1185, 1183]
进程已结束，退出代码为 0
```

图 7-6 运行结果

7.6 组合问题综合比较分析

1. 动态规划算法

将待求解的问题分解为若干个子问题(阶段)，按顺序求解子问题，前一子问题的解为后一子问题的求解提供了实用的信息。在求解任一子问题时，列出各种可能的局部解，通过决策保留那些有可能达到最优的局部解，丢弃其他局部解。依次解决各子问题，最后一个子问题就是初始问题的解。因为动态规划解决的问题多数有重叠子问题这个特点。为降低反复计算量，对每个子问题仅仅解一次，将其不同阶段的不同状态保存在一个二维数组中。

2. 贪心算法

贪心算法以自顶向下的顺序，采用迭代的方法做出贪心选择，每做一次贪心选择就将所求问题简化为一个规模更小的子问题，通过每一步贪心选择，可得到问题的一个最优解，虽然在每一步都要保证能获得局部最优解，但由此产生的全局解有时不一定是最优的。

7.7 作业与思考题

1. 判断题

(1) 动态规划的指标函数就是衡量对决策过程进行控制的效果的数量指标。(   )

（2）只要满足最优化原理和无后向性，即使不满足有重叠子问题特性，依旧可以使用动态规划算法。（　　）

（3）贪心算法与递归算法不同的是，推进的每一步不是依据某一固定的递归式，而是做一个当时看似最佳的贪心选择，不断地将问题归纳为规模更小的相似子问题。（　　）

（4）只要多个局部最优解合起来就能获取全局最优解。（　　）

（5）证明一个问题是否具有最优子结构性质时，通常使用反证法。（　　）

（6）最优装载问题存在着一个多项式空间算法。（　　）

（7）使用贪心算法求解最优装载问题的时间复杂度为 $O(n^2)$。（　　）

（8）使用贪心算法求解最优装载问题的时间复杂度与其中排序部分的时间复杂度一样。（　　）

（9）多机调度问题属于 NP 难问题。（　　）

（10）使用贪心算法求解多机调度问题能取得全局最优解。（　　）

（11）使用贪心算法求解多机调度问题的时间复杂度为 $O(n\log_2 n)$。（　　）

2. 选择题

以下关于动态规划说法正确的有（　　）。

A. 各阶段所有状态组成的集合称为状态集。

B. 状态满足无后效性的意思就是，状态只与前 n 个状态有关，与 $n+1$ 个状态无关。

C. 策略就是所有阶段的所有决策构成的决策序列。

D. 必须满足最优化原理、无后向性、有重叠子问题 3 个特性的问题才能使用动态规划算法。

3. 简答题

针对作业数为 n、机器数为 3 的多机调度问题，使用贪心算法求解的过程是怎样的？

能够采用动态规划求解的问题一般具有哪些特性？

## 第8章

概率问题

8.1 随机数

8.1.1 什么是随机数

随机数(random number)是专门的随机试验的结果。在统计学的不同技术中都需要使用随机数,比如从统计总体中抽取有代表性的样本或者进行蒙特卡罗模拟计算等。随机数在概率算法中扮演着十分重要的角色,在编写程序时,经常需要产生一些随机数。随机数在程序中分为两种。

(1) 真随机数:完全没有规则,无法预测接下来要产生的数。

(2) 伪随机数:通过一些预先设定好的规则产生不能简单预测的数。

使用计算机产生真随机数的方法是获取 CPU 频率与温度的不确定性、系统时间的误差以及声卡的噪声等。在程序中,主要使用的是伪随机数,C、C++、Java、MATLAB 等程序设计语言和软件中都有对应的随机数生成函数。一般场景下,伪随机数能够满足大部分的场景需求。

8.1.2 随机数的生成方法

线性同余法(Linear Congruential Method,LCM)亦称线性同余随机数生成器,是产生伪随机数的最常用的方法。由线性同余法产生的随机序列 $a_0, a_1, \cdots, a_n$ 满足:

$$\begin{cases} a_0 = d \\ a_n = (ba_{n-1} + c) \bmod m \quad n = 1, 2, \cdots \end{cases} \tag{8-1}$$

其中,b 为乘数,$b \geqslant 0$,当 $b=0$ 时为和同余法;c 是增量,$c \geqslant 0$,当 $c=0$ 时为乘同余法,$c \neq 0$ 时为混合同余法;m 是模数,$d \leqslant m$;d 是随机序列的种子。

如何选取该方法中的常数 b、c 和 m 直接关系到所产生的随机序列的随机性能。从直观上看,m 应取得充分大,因此可取 m 为机器大数,另外,应保证 m 和 b 的最大公约数为 1,

即 $gcd(m,b)=1,b$ 可取为一个素数。在线性同余法中，只要正确选择 b、c、m 的值，就能够很容易地生成具备随机性的伪随机数列。但是线性同余法不具备不可预测性，因此不可以用于密码技术。

下面给出在 Python 环境下利用线性同余法生成随机数的代码及其结果。这里定义 $b=1103515245$，$m=2**32$，$c=12345$，生成随机数的范围为 $(1,1000)$，产生的随机数个数为 50。这里给出两次编译结果，可以看到两次生成的随机数并不相同，如图 8-1 所示。

```python
from time import perf_counter
# 定义乘数、增量、模数
m = 2 ** 32
b = 1103515245
c = 12345
rdls = []
def LCG(seed,mi,ma,n):
    if n == 1:
        return 0
    else:
        seed = (b * seed + c) % m
        rdls.append(int((ma - mi) * seed/float(m - 1)) + mi)
        LCG(seed,mi,ma,n - 1)

def main():
    br = input("请输入随机数产生的范围(用,隔开):")
    co = eval(input("请输入需要产生的随机数的个数:"))
    mi = eval(br.split(',')[0])
    ma = eval(br.split(',')[1])
    seed = perf_counter()
    LCG(seed,mi,ma,co)
    print("随机生成的数字",rdls)

main()
```

```
请输入随机数产生的范围(用,隔开):1,1000
请输入需要产生的随机数的个数:50
随机生成的数字 [519, 234, 340, 107, 611, 359, 912, 563, 225, 355, 517, 51, 601, 78, 889, 71, 193, 364, 355, 803, 498, 126, 288, 998, 235, 573, 222, 977, 595, 793, 304, 389, 668, 367, 764, 144, 448, 654, 987, 179, 335, 298, 14, 966, 24, 575, 3, 143, 285]
```
(a)

```
请输入随机数产生的范围(用,隔开):1,1000
请输入需要产生的随机数的个数:50
随机生成的数字 [522, 501, 819, 647, 283, 960, 612, 165, 156, 28, 354, 176, 404, 306, 739, 9, 177, 964, 575, 345, 385, 621, 144, 45, 412, 863, 214, 827, 778, 181, 348, 855, 374, 734, 182, 860, 767, 302, 466, 380, 503, 282, 416, 44, 346, 357, 432, 541, 161]
```
(b)

图 8-1　线性同余法生成随机数的运行结果

除可采用线性同余法生成随机数外，还可采用专门生成随机数的函数 random() 生成各种类型及分布的伪随机数。下面给出使用 Python 自带函数生成随机数的代码，运算结果如图 8-2 所示。

```python
import random
def testRand():
    # 在[a, b]区间产生随机整数 random.randint(a, b)
    for i in range(5):
```

```
        ret = random.randint(100,999)
        print("random.randint(100,999) = {0}".format(ret,))
    # 高斯分布的随机数 random.gauss(mu, sigma)
    for i in range(5):
        ret = random.gauss(0, 1)
        print("random.gauss(0, 1) = {0}".format(ret,))

if __name__ == "__main__":
    testRand()
```

```
random.randint(100,999)=349
random.randint(100,999)=666
random.randint(100,999)=549
random.randint(100,999)=821
random.randint(100,999)=750
random.gauss(0, 1) = -1.023213715773659
random.gauss(0, 1) = 0.8985701497181434
random.gauss(0, 1) = -1.3959264439912138
random.gauss(0, 1) = 0.25264271542249
random.gauss(0, 1) = 1.2187220910971732
```

图 8-2   random() 函数生成随机数的运行结果

8.2 数值概率问题

数值概率算法用于数值问题的求解,这类算法所得到的往往是近似解,而且近似解的精读随计算时间的增加不断增高。在许多情况下,要计算出问题的精确解是不可能或没有必要的,因此用数值概率算法就可得到令人满意的解。

8.2.1 π 值的计算与实现

利用随机数可以近似得到 π 值。下面介绍其原理:设有一半径为 r 的圆及其外切正方形,如图 8-3 所示。向该正方形随机地投掷 n 个点。设落入圆内的点数为 k。由于所投入的点在正方形上均匀分布,因而所投入的点落入圆内的概率为 $\dfrac{\pi r^2}{4r^2} = \dfrac{\pi}{4}$。所以当 n 足够大时,k 与 n 之比就逼近这一概率,从而 $\pi \approx \dfrac{4k}{n}$。设置的投点数越大,得到的 π 值越精确,如图 8-4 所示,投点数为 1 000 000 时 π 值计算结果比投点数为 10 000 时更精确。用随机投点法计算 π 值的数值概率算法代码如下:

```
import random                    # 随机数模块
N,nHits = 10000,0                # 总投点数,圆内投点数
xs,ys = [],[]                    # 投点的 x,y 坐标列表

for i in range(N):              # N 次投点
    x = random.random() * 2 - 1 # 随机数取投点坐标
    y = random.random() * 2 - 1
    xs.append(x)                # 投点坐标存入列表
    ys.append(y)
    if x * x + y * y <= 1:      # 投点位于内切圆内
        nHits += 1              # 圆内投点数 + 1
```

```
pi = 4 * nHits/N                    #通过计算圆面积估算圆周率
print("pi = ",pi)

import matplotlib.pyplot as plt     #绘图展现投点落在正方形/圆内的情况
from matplotlib.patches import Circle
fig = plt.figure(figsize = (6,6))
plt.plot(xs, ys,'o', color = 'black', markersize = 1)
c = Circle(xy = (0,0), radius = 1, alpha = 0.4, color = "black")
plt.gca().add_patch(c)
plt.show()
```

图 8-3　计算 π 值的随机投点法

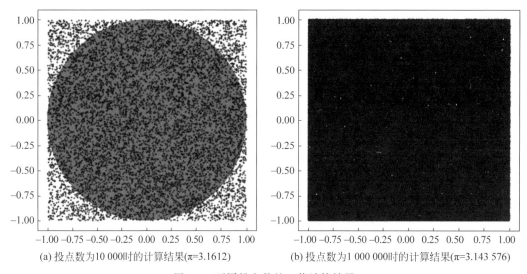

(a) 投点数为10 000时的计算结果(π=3.1612)　　　(b) 投点数为1 000 000时的计算结果(π=3.143 576)

图 8-4　不同投点数的 π 值计算结果

8.2.2　定积分的计算机与实现

1. 用随机投点法计算定积分

设 $f(x)$ 是 $[0,1]$ 上的连续函数，且 $0 \leqslant f(x) \leqslant 1$。需要计算的积分为 $I = \int_0^1 f(x)\mathrm{d}x$，积分 I 等于图 8-5 中的面积 G。

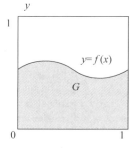

图 8-5　计算定积分的随机投点法

在如图 8-5 所示的单位正方形内均匀地作投点试验，则随机点落在曲线下面的概率为：

$$\Pr\{y \leqslant f(x)\} = \int_0^1 \int_0^{f(x)} \mathrm{d}y\,\mathrm{d}x = \int_0^1 f(x)\,\mathrm{d}x \qquad (8\text{-}2)$$

假设向单位正方形内随机地投入 n 个点 (x_i, y_i)，$i=1,2,\cdots,n$。随机点 (x_i, y_i) 落入 G 内，则 $y_i \leqslant f(x_i)$。如果有 m 个点落入 G 内，则随机点落入 G 内的概率 $I \approx \dfrac{m}{n}$。

下面给出计算积分的数值概率算法代码，运算结果如图 8-6 所示。

```python
import random
import numpy as np
import pandas as pd
import matplotlib.pyplot as plt
count = 0
j = 0
for i in range(10000):
    count += 1
    point_x = random.random()
    point_y = random.random()
    value = point_x ** 2
    if point_y <= value:
        j += 1
    a = 1/3.0
print("估计值为:", j/count)
print("与真实值之间的误差为:", abs(a - j/count))
```

估计值为: 0.3343
与真实值之间的误差为: 0.0009666666666666712

(a) n=10 000时的计算结果

估计值为: 0.333465
与真实值之间的误差为: 0.00013166666666669657

(b) n=1 000 000时的计算结果

图 8-6　计算积分的数值概率算法运行结果

如果所遇到的积分形式为 $I = \displaystyle\int_a^b f(x)\mathrm{d}x$，其中，$a$ 和 b 为有限值；被积函数 $f(x)$ 在区间 $[a,b]$ 中有界，并用 M 和 L 分别表示其最大值和最小值。此时可作变量代换 $x = a + (b-a)z$，将所求积分变为 $I = cI^* + d$，其中：

$$c = (M-L)(b-a), \quad d = L(b-a), I^* = \int_0^1 f^*(z)\mathrm{d}z \tag{8-3}$$

$$f^*(z) = \frac{1}{M-L}\big[f(a+(b-a)z)-L\big], \quad 0 \leqslant f^*(z) \leqslant 1 \tag{8-4}$$

因此，I^* 可用随机投点法计算。

2. 用平均值法计算定积分

随机数也可用于定积分的计算上。任取一组相互独立、同分布的随机变量 $\{\xi_i\}$，ξ_i 在 $[a,b]$ 中服从分布律 $f(x)$，令 $g^*(x) = \dfrac{g(x)}{f(x)}$，则 $\{g^*(\xi_i)\}$ 也是一组独立同分布的随机变量，而且有：

$$E(g^*(\xi_i)) = \int_a^b g^*(x)f(x)\mathrm{d}x = \int_a^b g(x)\mathrm{d}x = I \tag{8-5}$$

由强大数定律可得：

$$\Pr\Big[\lim_{n \to \infty} \frac{1}{n} \sum_{i=1}^{n} g^*(\xi_i) = I\Big] = 1 \tag{8-6}$$

若选 $\bar{I} = \dfrac{1}{n} \sum_{i=1}^{n} g^*(\xi_i)$，则 $\bar{I}$ 依概率 1 收敛到 I。平均值法就是用 $\bar{I}$ 作为 I 的近似值。

假设要计算的积分形式为 $I = \int_a^b g(x)\mathrm{d}x$，其中被积函数 $g(x)$ 在区间 $[a,b]$ 内可积。任意选择一个可以利用简单方法进行抽样的概率密度函数 $f(x)$，使其满足下列条件：

(1) 当 $g(x) \neq 0$ 时（其中 $a \leqslant x \leqslant b$），$f(x) \neq 0$。

(2) $\int_a^b g(x)\mathrm{d}x = 1$。

如果记

$$g^*(x) = \begin{cases} \dfrac{g(x)}{f(x)}, & f(x) \neq 0 \\ 0, & f(x) = 0 \end{cases} \tag{8-7}$$

则所求积分可以写为

$$I = \int_a^b g^*(x)f(x)\mathrm{d}x \tag{8-8}$$

由于 a 和 b 为有限值，可取 $f(x)$ 为均匀分布，即

$$f(x) = \begin{cases} \dfrac{1}{b-a}, & a \leqslant x \leqslant b \\ 0, & x < a, x > b \end{cases} \tag{8-9}$$

这时所求积分变为

$$I = (b-a)\int_a^b g(x)\frac{1}{b-a}\mathrm{d}x \tag{8-10}$$

在 $[a,b]$ 中随机抽取 n 个点 x_i（其中 $i = 1, 2, \cdots, n$），则均值 $\bar{I} = \dfrac{b-a}{n} \sum_{i=1}^{n} g(x_i)$ 可作为所求积分 I 的近似值。

由此可设计出计算积分 I 的平均值法，以 $y = x^2$ 在 $0 \sim 1$ 的定积分为例，算法代码如下，运算结果如图 8-7 所示。

```python
import numpy as np
def f(x):
    return x ** 2
def n(N):
    a = 1/3.0
    x = np.random.uniform(0, 1, N)  # 随机生成 N 个 0～1 的一维点
    c = f(x)  # 把 x 的值代入 f(x)计算
    s = 0
    for i in c:
        s = s + i
    j = s * 1.00/N
    print ("估计值为：", j)
    print ("与真实值之间的误差为：", abs(a - j))
n(10000)
```

| 估计值为: 0.3329226583110488 |
| 与真实值之间的误差为: 0.00041067502228453456 |

(a) $n=10\ 000$ 时的计算结果

| 估计值为: 0.3331806920848726 |
| 与真实值之间的误差为: 0.00015264124846070537 |

(b) $n=1\ 000\ 000$ 时的计算结果

图 8-7 用平均值法计算定积分的运行结果

8.2.3 非线性方程组求解

假设要求解下面的非线性方程组:

$$\begin{cases} f_1(x_1,x_2,\cdots,x_n)=0 \\ f_2(x_1,x_2,\cdots,x_n)=0 \\ \vdots \\ f_n(x_1,x_2,\cdots,x_n)=0 \end{cases} \qquad (8\text{-}11)$$

其中,$x_1,x_2,\cdots,x_n$ 是实变量;$f_i(i=1,2,\cdots,n)$ 是未知量 $x_1,x_2,\cdots,x_n$ 的非线性实函数。要求确定式(8-11)在指定求根范围内的一组解 $x_1^*,x_2^*,\cdots,x_n^*$。

解决这类问题有许多种数值方法,最常用的有线性化方法和求函数极小值方法。但在使用某种具体算法求解的过程中,有时会遇到一些麻烦,甚至于使方法失效而不能获得一个近似解。在这种情况下,可以借助于概率算法。一般而言,概率算法需耗费较多时间,但其设计思想简单,易于实现,因此在实际使用中是很有效的。对于精度要求较高的问题,概率算法常常可以提供一个较好的初值。下面介绍求解非线性方程组的概率算法的基本思想。

为了求解所给的非线性方程组,构造目标函数:

$$\phi(x) = \sum_{i=1}^{n} f_i^2(x) \qquad (8\text{-}12)$$

其中,$x=(x_1,x_2,\cdots,x_n)$。由最优化理论可知,该目标函数的零点即是所求非线性方程组的一组解。

在求函数 $\phi(x)$ 的极小值点时可采用简单随机模拟算法,在指定求根区域内,选定一个 x_0 作为根的初值。按照预先选定的分布(如以 x_0 为中心的正态分布、均匀分布、三角分布等)。逐个选取随机点 x,计算目标函数 $\phi(x)$,并把满足精度要求的随机点 x 作为所求非线性方程组的近似解。这种方法简单、直观,但工作量较大。下面介绍的随机搜索算法可以克服这一缺点。

随机搜索算法的原理即在指定求根区域 D 内,选定一个随机点 x_0 作为随机搜索的出发点。在算法的搜索过程中,假设第 j 步随机搜索得到的随机搜索点为 x_j。在第 $j+1$ 步,计算出下一步的随机搜索方向 r,然后计算搜索步长 a,由此得到第 $j+1$ 步的随机搜索增量 Δx_j。从当前点 x_j 依随机搜索增量 Δx_j 得到第 $j+1$ 步的随机搜索点 $x_{j+1}=x_j+\Delta x_j$。当 $\phi(x_{j+1})<\varepsilon$ 时,取 x_{j+1} 为所求非线性方程组的近似解;否则进行下一步新的随机搜索过程。

随机搜索算法的具体描述如下:

输入：迭代次数，问题的大小，搜索空间
输出：最优值
1. 在搜索空间 D 中随机初始化 x_0。
2. 直到满足终止标准（例如，执行的迭代次数，或达到适当的适应度），重复以下步骤：
　　2.1 围绕当前位置 x_0，从给定范围取一个新的位置。
　　2.2 如果 $f(y) < f(x_0)$：
　　　　2.2.1 设置 $x_0 = y$。
　　　　2.2.2 移动到新位置。
3. 得到最优值，并返回。

8.3　舍伍德算法

8.3.1　什么是舍伍德算法

设 A 是一个确定性算法，当它的输入实例为 x 时所需的计算时间记为 $t_A(x)$。设 X_n 是算法 A 的输入规模为 n 的实例的全体，则当问题的输入规模为 n 时，算法 A 所需的平均时间为

$$\overline{t_A}(n) = \sum_{x \in X_n} t_A(x) / \mid X_n \mid \tag{8-13}$$

这显然不能排除存在 $x \in X_n$ 使得 $t_A(x) \gg \overline{t_A}(n)$ 的可能性。希望获得一个概率算法 B，使得对问题的输入规模为 n 的每一个实例 $x \in X_n$。对于某一具体实例 $x \in X_n$，算法 B 需要的计算时间为 $\overline{t_A}(n) + s(n)$。这仅仅是由于算法所做的概率选择引起的，与具体实例 x 无关。定义算法 B 关于规模为 n 的随机实例的平均时间为

$$t_B(n) = \sum_{x \in X_n} t_B(x) / (X_n) \tag{8-14}$$

则有 $t_B(n) = \overline{t_A}(n) + s(n)$，这就是舍伍德算法设计的基本思想。当 $s(n)$ 与 $\overline{t_A}(n)$ 相比可忽略时，舍伍德算法可获得很好的平均性能。

舍伍德算法是概率算法的一种，它综合了线性表和线性链表的优点，提出了用数组模拟链表的数据结构，实现了"虚假"指针的优点。采用这种数据结构，克服了顺序存储在插入运算中需要移动大量元素的缺点。舍伍德算法总能求得问题的一个解，且这个解总是正确的。当分析确定性算法在平均情况下的时间复杂度时，通常假定算法的输入实例满足某一特定的概率分布。当一个确定性算法在最坏情况下的计算复杂度与其在平均情况下的计算复杂度有较大差别时，可以在这个确定算法中引入随机性将它改造成一个舍伍德算法，从而消除或减少问题的好坏实例间的这种差别。舍伍德算法的精髓不是避免算法的最坏情况行为，而是设法消除这种最坏行为与特定实例之间的关联性。这通常有两种应用方式。

（1）在确定性算法的某些步骤引入随机因素，将确定性算法改造成舍伍德型概率算法。

（2）借助随机预处理技术，即不改变原有的确定性算法，仅对其输入实例随机排列（称为洗牌），然后再执行确定性算法。

有时所给的确定性算法无法直接改造成舍伍德算法，此时可以借助随机预处理技术，不改变原有的确定性算法，仅对其输入进行随机洗牌，同样可以得到舍伍德算法的效果。

假设输入实例为整型，下面的洗牌算法可在线性时间实现对输入实例进行随机排列，运

算结果如图 8-8 所示。

```
import random
TOTAL_NUMBER = 54                        # 牌的总张数
DEAL_NUMBER = 54                         # 发牌张数,等于牌的总张数时相当于洗牌
list1 = [i + 1 for i in range(TOTAL_NUMBER)]
# 初始化原牌堆,方法无所谓,完整而不重复即可
list2 = []                               # 新牌堆开始时为空
for i in range(DEAL_NUMBER):
    list2.append(random.choice(list1))   # 从原牌堆中随机抽取一张牌放到新牌堆中
    list1.remove(list2[i])               # 从原牌堆中删除刚才抽到的那张牌
print("洗牌后的序列:\n",list2)
```

```
洗牌后的序列: [51, 6, 41, 49, 26, 4, 13, 8, 53, 25, 11, 45, 39, 9, 10, 35, 15, 48, 28,
3, 34, 32, 14, 38, 33, 5, 42, 50, 31, 16, 22, 23, 47, 2, 54, 43, 12, 27, 29, 7, 30, 17,
37, 46, 18, 24, 1, 40, 20, 19, 52, 44, 36, 21]
```

图 8-8 洗牌算法的运行结果

与对应的确定性算法相比,舍伍德型概率算法并没有改进算法的平均时间复杂度。换言之,舍伍德概率算法不是改进了算法的最坏情况行为,而是设法消除了算法的不同输入实例对算法时间性能的影响。对于任何输入实例,舍伍德型概率算法大概率与原有的确定性算法在平均情况下的时间复杂度相同。

8.3.2 舍伍德算法的应用案例

1. 快速排序

快速排序算法的关键在于在一次划分中选择合适的轴值作为划分的基准,如果轴值是序列中的最小(或最大)元素,则一次划分后,由轴值分割得到的两个子序列不均衡,使得快速排序的时间性能降低。可以在一次划分之前,在待排序序列中随机确定一个元素作为轴值,并把它与第一个元素交换,则一次划分后得到期望均衡的两个子序列。也可以在执行快速排序之前调用洗牌函数,将待排序序列随机排列。这两种方法都能够以较高的概率避免快速排序的最坏情况。

对于选择问题而言,用拟中位数作为划分基准可以保证在最坏情况下用线性时间完成选择。如果只简单地用待划分数组的第一个元素作为划分基准,则算法的平均性能较好,而在最坏情况下需要 $O(n^2)$ 的计算时间。舍伍德算法随机地选择一个数组作为划分基准,这样既能保持算法的线性时间平均性能,又避免了计算拟中位数的麻烦。在快速排序算法中执行一次划分之前引入随机选择,就得到随机快速排序算法,具体代码示例如下,运算结果如图 8-9 所示。

```
import numpy as np
def get_random(i, j = None):
    if j == None:
        # 返回 0~i 的随机整数
        return np.random.randint(i + 1)
    if i > j:
        i, j = j, i
        # 获取 i~j 的随机整数
    return np.random.randint(i, j + 1)
```

```
def quick_sort(mess_array, left, right):
    if left < right:
        # 随机下标
        random_flag = get_random(left, right)
        # 随机交换
        mess_array[left], mess_array[random_flag] = mess_array[random_flag], mess_array
[left]
        value = mess_array[left]
        i, j = left, right
        while i < j:
            # 从右到左的第一个小于 value 的下标
            while i < j and value < mess_array[j]:
                j -= 1
            if i < j:
                mess_array[i] = mess_array[j]
                i += 1
            # 从左到右的第一个大于或等于 value 的下标
            while i < j and value >= mess_array[i]:
                i += 1
            if i < j:
                mess_array[j] = mess_array[i]
                j -= 1
        mess_array[i] = value
        quick_sort(mess_array, left, i - 1)
        quick_sort(mess_array, i + 1, right)


if __name__ == '__main__':
    np.random.seed(7)
    array_min = 0
    array_max = 100
    array_size = 30
    random_array = np.random.randint(array_min, array_max, array_size)
    print('原始数组:')
    print(random_array)
    quick_sort(random_array, left = 0, right = array_size - 1)
    print('随机快速排序算法排序后的数组:')
print(random_array)
```

```
原始数组:
[47 68 25 67 83 23 92 57 14 23 72 89 42 90  8 39 68 48  7 44  0 75 55  6
 19 60 44 63 69 56]
随机快速排序算法排序后的数组:
[ 0  6  7  8 14 19 23 23 25 39 42 44 44 47 48 55 56 57 60 63 67 68 68 69
 72 75 83 89 90 92]
```

图 8-9　随机快速排序算法的运行结果

2. 二叉搜索树

二叉搜索树是数据结构中的一类，在一般情况下，查询效率比链表结构要高。

构造二叉搜索树的过程是从空的二叉搜索树开始，依次插入一个个节点。图 8-10 给出了对集合{30,20,25,35,40,15}构造二叉搜索树的过程。

在二叉搜索树的构造过程中，插入节点的次序不同，构造的二叉搜索树的形状就不同，而不同的二叉搜索树可能具有不同的深度。具有 n 个节点的二叉搜索树，其最大深度为 n，

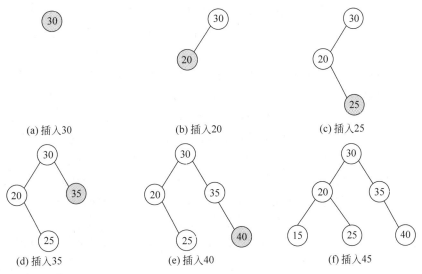

(a) 插入30　　　　　　(b) 插入20　　　　　　(c) 插入25

(d) 插入35　　　　　　(e) 插入40　　　　　　(f) 插入45

图 8-10　构造二叉搜索树

最小深度为 $\lfloor \log_2 n \rfloor + 1$，如图 8-11 所示。

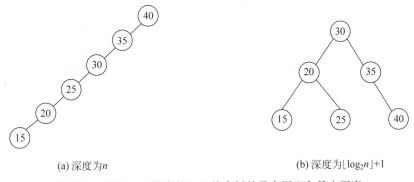

(a) 深度为 n　　　　　　　　　　(b) 深度为 $\lfloor \log_2 n \rfloor + 1$

图 8-11　具有 n 个节点的二叉搜索树的最大深度和最小深度

　　构造二叉搜索树的舍伍德算法可以在插入每一个节点时，在查找集合中随机选定一个元素，并把它与待插入元素交换，也可以在执行构造算法之前调用洗牌函数，将查找集合随机排列。采用洗牌方法的舍伍德算法，使用二叉链表存储二叉搜索树，将 root 设置为指向二叉链表的根指针。

　　采用洗牌方法的舍伍德算法描述：

输入：各个节点，节点总数
输出：最优排序
1. 如果根指针为空，直接返回。
2. 对根节点指向所有节点进行遍历，直到遍历到所有二叉搜索树节点：
　　2.1 产生一个随机节点位置。
　　2.2 设置一个中间变量。
　　2.3 将随机的节点与指针指向的节点进行交换。

　　在二叉搜索树中执行插入操作，首先要执行查找操作，在找到插入位置后，只需修改相应指针。构造二叉搜索树的舍伍德算法消除了二叉搜索树的深度与输入实例间的联系，对于任何的输入实例，二叉搜索树的期望深度均是 $O(\log_2 n)$。在舍伍德算法中，洗牌操作需

要的时间是 $O(n)$，插入操作需要执行 n 次，当插入第 i 个节点时，查找插入位置的操作不超过二叉搜索树的期望深度 $O(\log_2 i)$，因此，算法的期望时间复杂度是 $O(n\log_2 n)$。

3. 跳跃表

舍伍德算法的设计思想还可以用于设计高效的数据结构，跳跃表就是其中一个实例。如果用有序链表表示一个含有 n 个元素的有序集 S，则在最坏情况下，搜索 S 中的一个元素需要 $O(n)$ 的计算时间。提高有序链表的一个技巧是在有序链表的部分节点处增设附加指针以提高其搜索性能。当在增设附加指针的有序链表中搜索一个元素时，可借助附加指针跳过链表中的若干节点，加快搜索速度。这种增加了向前附加指针的有序链表就称为跳跃表。随机化方法可确定在跳跃表的哪些节点增加附加指针以及在该节点处应增加多少指针。这使得跳跃表可在 $O(\log n)$ 的平均时间内支持关于有序集的搜索、插入和删除等运算，例如，图 8-12(a) 是一个没有附加指针的有序链表，而图 8-12(b) 在图 8-12(a) 的基础上增加了跳跃一个节点的附加指针，图 8-12(c) 在图 8-12(b) 的基础上又增加了跳跃 3 个节点的附加指针。

在跳跃表中，如果一个节点有 $k+1$ 个指针，则称此节点为一个 k 级节点。以图 8-12(c) 中的跳跃表为例，看如何在该跳跃表中搜索元素 8。从该跳跃表的最高级，即第 2 级开始搜索。利用 2 级指针发现元素 8 位于节点 7 和 19 之间。此时在节点 7 处降至 1 级指针继续搜索，发现元素 8 位于节点 7 和 13 之间。最后，在节点 7 处降至 0 级指针进行搜索，发现元素 8 位于节点 7 和 11 之间，从而知道元素 8 不在所搜索的集合 S 中。

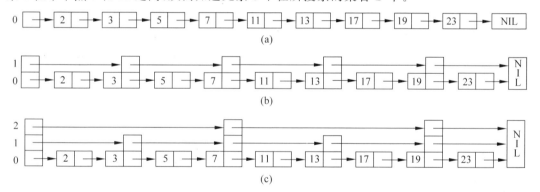

图 8-12　跳跃表

在一般情况下，给定一个含有 n 个元素的有序链表，可以将它改造成一个完全跳跃表，使得每一个 k 级节点含有 $k+1$ 个指针，分别跳过 $2^k-1, 2^{k-1}-1, \cdots, 2^0-1$ 个中间节点。第 i 个 k 级节点安排在跳跃表的位置 $i2k$ 处，$i \geqslant 0$。这样就可以在 $O(\log n)$ 时间内完成集合成员的搜索运算。在一个完全跳跃表中，最高级的节点是 $\lfloor \log n \rfloor$ 节点。

完全跳跃表与完全二叉搜索树的情形非常类似。它虽然可以有效地支持成员搜索运算，但不适用于集合动态变化的情况。集合元素的插入和删除运算会破坏完全跳跃表原有的平衡状态，影响后继元素搜索的效率。

为了在动态变化中维持跳跃表中附加指针的平衡性，必须使跳跃表中的 k 级节点数维持在总节点数的一定比例范围内。注意，在一个完全跳跃表中，50% 的指针是 0 级指针，25% 的指针是 1 级指针，……，$(100/2^{k+1})\%$ 的指针是 k 级指针。因此，在插入一个元素时，以概率 $1/2$ 引入一个 0 级节点，以概率 $1/4$ 引入一个 1 级节点，……，以概率 $1/2^{k+1}$ 引入一

个 k 级节点。另一方面,一个 i 级节点指向下一个同级或更高级的节点,它所跳过的节点数不再准确地维持在 2^k-1。经过这样的修改,就可以在插入或删除一个元素时,通过对跳跃表的局部修改来维持其平衡性。

在上述算法中,关键的问题是如何随机地生成新插入节点的级别。注意到,在一个完全跳跃表中,具有 i 级指针的节点中有一半同时具有 $i+1$ 级指针。为了维持跳跃表的平衡性,可以事先确定一个实数 p,$0<p<1$,并要求在跳跃表中维持在具有 i 级指针的节点中同时具有 $i+1$ 级指针的节点所占比例约为 p。为此,在插入一个新节点时,先将其节点级别初始化为 0,然后用随机数生成器反复地产生一个 $[0,1)$ 区间的随机实数 q。如果 $q<p$,则使新节点级别增加 1,直至 $q \geqslant p$。由此过程可知,所产生的新节点的级别为 0 的概率为 $1-p$,级别为 1 的概率为 $p(1-p)$,……,级别为 i 的概率为 $p^i(1-p)$。如此产生的新节点的级别有可能是一个很大的数,甚至远远超过表中元素的个数。为了避免这种情况,用 $\log_{1/p} n$ 作为新节点级别的上界。其中,n 是当前跳跃表中节点个数。当前跳跃表中任一节点的级别不超过 $\log_{1/p} n$。

关于跳跃表操作的具体算法,读者若有兴趣可自行查找实现,本书不做详细介绍。

8.4 拉斯维加斯算法

8.4.1 什么是拉斯维加斯算法

舍伍德算法的优点是其计算时间复杂度对所有实例而言相对均匀。但与其相应的确定性算法相比,其平均时间复杂度没有改进。拉斯维加斯(Las Vegas)算法则不然,这个算法中的随机性选择能引导算法快速地求解问题,从而显著地改进算法的有效性,甚至对某些迄今为止找不到有效算法的问题,也能得到满意的结果。

拉斯维加斯算法的一个显著特征是它所做的随机性决策有可能导致算法找不到所需的解,因此通常用一个布尔型函数表示拉斯维加斯算法。当算法找到一个解时返回 true,否则返回 false。拉斯维加斯算法的典型调用形式为 bool success=LV(x,y),其中 x 是输入参数。当 success 的值为 true 时,y 返回问题的解。当 success 为 false 时,算法未能找到问题的一个解。对同一个输入实例反复多次运行算法,直到运行成功,获得问题的解;如果运行失败,则在相同的输入实例上再次运行算法。

需要强调的是,拉斯维加斯算法的随机性选择有可能导致算法找不到问题的解,即算法运行一次,或者得到一个正确的解,或者无解。只要出现失败的概率不占多数,当算法运行失败时,在相同的输入实例上再次运行该算法,就有成功的可能。

设 $p(x)$ 是对输入实例 x 调用拉斯维加斯算法获得问题的一个解的概率,则一个正确的拉斯维加斯算法应该对所有的输入实例 x 均有 $p(x)>0$。在更强的意义下,要求存在一个正的常数 δ,使得对于所有的输入实例 x 均有 $p(x)>\delta$。

```
def obstinate(Object x, Object y) #反复调用拉斯维加斯算法 LV(x,y),直到找到问题的一个解
bool success = false
while success != 0
    success = LV(x.y)
```

设 $s(x)$ 和 $e(x)$ 分别是算法对于具体实例 x 求解成功或求解失败所需的平均时间,由

于 $p(x) > \delta$，所以只要有足够的时间，对任何输入实例 x，函数 obstinate 总能找到问题的一个解。设 $t(x)$ 是函数 obstinate 找到具体实例 x 的一个解所需的平均时间，则有

$$t(x) = p(x)s(x) + (1 - p(x))(e(x) + t(x)) \tag{8-15}$$

解此方程可得

$$t(x) = s(x) + \frac{1 - p(x)}{p(x)}e(x) \tag{8-16}$$

换言之，拉斯维加斯算法找到正确解的概率随着计算次数的增加而提高。对于求解问题的任一实例，用拉斯维加斯算法反复对该实例求解足够多次，可使求解失败的概率任意小。

8.4.2　拉斯维加斯算法的应用案例

1. 八皇后问题

八皇后问题是由国际象棋棋手马克斯·贝瑟尔于 1848 年提出的问题。问题可表述为：在 8×8 的棋盘上摆放 8 个皇后，使其不能互相攻击，即任意两个皇后都不能处于同一行、同一列或同一斜线上，问能够有多少种摆法。n-皇后问题提供了设计高效的拉斯维加斯算法的很好的例子。在用回溯法解 n-皇后问题时，实际上是在系统地搜索整个解空间树的过程中找出满足要求的解。但是忽略了一个重要事实：对于 n-皇后问题的任何一个解而言，每一个皇后在棋盘上的位置无任何规律，不具有系统性，而更像是随机放置的。

由此得到拉斯维加斯算法：在棋盘上相继的各行中随机地放置皇后，并使新放置的皇后与已放置的皇后互不攻击，直至 8 个皇后均已相容地放置好，或下一个皇后没有可放置的位置。

设 n-皇后问题的可能解用向量 $\boldsymbol{X} = (x_1, x_2, \cdots, x_n)$ 表示，其中，$1 \leqslant x_i \leqslant n$ 并且 $1 \leqslant i \leqslant n$，即第 i 个皇后放置在第 i 行第 x_i 列上。n-皇后问题的拉斯维加斯算法的伪代码描述如下：

```
1. 将数组 x[n] 初始化为 0;试探次数 count 初始化为 0;
2. for i in range n
    2.1 产生一个 [1, n] 的随机数 j;
    2.2 count = count+1,进行第 count 次试探;
    2.3 若皇后 i 放置在位置 j 不发生冲突,则 x[i] = j;count=0;转步骤 2 放置下一个皇后;
    2.4 若(count == n),则无法放置皇后 i,算法运行失败,结束算法;
        否则,转步骤 1 重新放置皇后 i;
3. 将元素 x[0]~x[n-1] 作为 n-皇后问题的一个解输出。
```

如果将上述随机放置策略与回溯法相结合，则会获得更好的效果。可以先在棋盘的若干行中随机地放置相容的皇后，其他皇后用回溯法继续放置，直至找到一个解或宣告失败。在棋盘中随机放置的皇后越多，回溯法搜索所需的时间就越少，但失败的概率也就越大。例如，对于八皇后问题，实验表明，随机地放置两个皇后再采用回溯法比完全采用回溯法快大约 2 倍；随机地放置 3 个皇后再采用回溯法比完全采用回溯法快大约 1 倍；而所有的皇后都随机放置是完全采用回溯法速度的一半。很容易解释这个现象：不能忽略产生随机数所需的时间，当随机放置所有的皇后时，八皇后问题的求解大约有 70% 的时间都用在了产生随机数上。

求解九皇后问题的拉斯维加斯算法实现如下，运算结果如图 8-13 所示。

```
import pdb
import random

def Place(k):
    # k 从索引 0 开始
    for j in range(k):
        if abs(k - j) == abs(rect[k] - rect[j]) or rect[k] == rect[j]:
            return False
    return True

def QueensLV(n):                    # 返回一个 bool 值,得到解返回 True,否则返回 False
    k = 0                           # 第一个索引为 0
    rect[k] = random.randint(0, n)
    while(Place(k)):
        if k == n - 1:
            print(rect)
            return True
        k = k + 1
        rect[k] = random.randint(0, n)
    return False
if __name__ == '__main__':
    n = input()
    n = int(n)
    rect = [0 for i in range(n)]
    print(str(rect))
    errorcount = 0                  # 失败次数
    while (not QueensLV(n)):
        errorcount = errorcount + 1
```

本案例中使用了拉斯维加斯算法和回溯法求解 n-皇后问题。拉斯维加斯算法找到正确解的概率随它所用的计算时间的增加而提高,因此从理论上说,只要拉斯维加斯算法对一个实例求解时间足够多,就能得到实例最接近正确的答案。此外,拉斯维加斯问题结合

```
9
[0, 0, 0, 0, 0, 0, 0, 0, 0, 0]
[5, 8, 6, 3, 0, 7, 1, 4, 2]
```

图 8-13　九皇后问题的拉斯维加斯算法运行结果

回溯法比单纯地使用拉斯维加斯算法的效率更高,故要合理应用算法,并不一定要只使用一种方法。

2. 整数因子划分问题

设 $n>1$ 是一个整数,关于整数 n 的因子分解问题是,找出 n 的如下形式的唯一分解式:

$$n = p_1^{m_1} p_2^{m_2} p_3^{m_3} \cdots p_k^{m_k} \tag{8-17}$$

其中,$p_1 < p_2 < \cdots < p_k$ 是 k 个素数,$m_1, m_2, \cdots, m_k$ 是 k 个正整数。

如果 n 是一个合数,则 n 必有一个非平凡因子 m(即 $m \neq 1$ 且 $m \neq n$),使得 m 可以整除 n。给定一个合数 n,求 n 的一个非平凡因子的问题称为整数因子划分问题(integer factor partition problem)。求解整数因子划分问题的拉斯维加斯算法基于下面这个定理。

设 n 是一个合整数,a 和 b 是在 $1 \sim n-1$ 且满足 $a+b \neq n$ 的两个不同的整数,如果 $a^2 \bmod n = b^2 \bmod n$,则 $a+b$ 和 n 的最大公约数是 n 的一个非平凡因子。以 $n=18$ 为例,取 $a=9, b=3, a+b=12, 12$ 和 18 的最大公约数是 6,则 6 是 18 的一个非平凡因子。

整数因子划分问题的拉斯维加斯算法实现如下：

```python
import random
def find_divisor(a,b):
    if a < b:
        a,b = b,a
    if a % b == 0:
        return b
    else:
        return find_divisor(b,a % b)
def Pollard(n):
    x = random.randint(n)                    # 随机整数
    i = 1
    y = x
    k = 2
    while True:
        i += 1
        x = (x * x - 1) % n                   # x[i] = (x[i - 1] ^ 2 - 1)mod n
        d = find_divisor(y - x, n);           # 求 n 的非平凡因子
        if d > 1 and d < n:
            print(d)                          # 因子分割问题:求 n 的一个非平凡因子的问题
            return
        if i == k:
            y = x
            k *= 2
```

在执行成功的情况下，函数 Pollard 中的 while 循环最多执行 n 次，会得到 n 的一个非平凡因子 d；在执行失败的情况下，函数 Pollard 中的 while 循环执行 n 次，没有找到合适的整数 b 结束算法，故函数 Pollard 可在 $O(n)$ 的时间内找到 n 的一个非平凡因子。以上分析的是最坏情况下的时间性能。实验结果表明，函数 Pollard 通常可以在较快的时间内时找到整数 n 的一个非平凡因子。

8.5　蒙特卡罗算法

8.5.1　什么是蒙特卡罗算法

对于许多问题来说，近似解毫无意义。例如，一个判定问题，其解为"是"或"否"，二者必取其一，不存在任何近似解。再如，整数因子划分问题，其解必须是准确的，一个整数的近似因子没有任何意义。而蒙特卡罗（Monte Carlo）算法就用于求问题的准确解。蒙特卡罗算法又称统计模拟方法，是一种以概率统计理论为指导的一类非常重要的数值计算方法，主要是指通过使用随机数来解决很多计算问题的方法。

有些问题尚未找到高效的算法实现正确求解。蒙特卡罗算法偶尔会出错，但对于任何输入实例，总能以很高的概率找到一个正确解。换言之，蒙特卡罗算法总是给出解，但是，这个解偶尔可能是不正确的。一般情况下，也无法有效地判定得到的解是否正确。蒙特卡罗算法求得正确解的概率依赖于算法所用的时间，算法所用的时间越多，得到正确解的概率就越高。

设 p 是一个实数，且 $1/2 < p < 1$。如果一个蒙特卡罗算法对于问题的任一输入实例得

到正确解的概率不小于 p，则称该蒙特卡罗算法是 p 正确的，且称 $p-1/2$ 是该算法的优势。

如果对于同一输入实例，蒙特卡罗算法不会给出两个不同的正确解，则称该蒙特卡罗算法是一致的。如果重复地运行一个一致的 p 正确的蒙特卡罗算法，每一次运行都独立地进行随机选择，就可以使产生不正确解的概率变得任意小。

有些蒙特卡罗算法除了具有描述问题实例的输入参数外，还具有描述错误解可接受概率的参数。这类算法的计算时间复杂度通常由问题的实例规模以及错误解可接受概率的函数来描述。

对于一个一致的 p 正确的蒙特卡罗算法，要提高获得正确解的概率，只要执行该算法若干次，并选择出现频次最高的解即可。

在一般情况下，设 ε 和 δ 是两个正实数，且 $\varepsilon+\delta<1/2$。设 $\mathrm{MC}(x)$ 是一个一致的 $(1/2+\varepsilon)$ 正确的蒙特卡罗算法，且 $C_{\varepsilon}=-2/\log(1-4\varepsilon^2)$。如果调用算法 $\mathrm{MC}(x)$ 至少 $\lceil C_{\varepsilon}\log(1/\delta)\rceil$ 次，并返回各次调用出现频数最高的解，就可以得到解同一个问题的一个一致的 $(1-\delta)$ 正确的蒙特卡罗算法。由此可见，不论算法 $\mathrm{MC}(x)$ 的优势多小，我们都可以通过反复调用来放大算法的优势，使得最终得到的算法具有可接受的错误概率。

8.5.2 蒙特卡罗算法的应用案例

1. 主元素问题

设 $T[n]$ 是一个含有 n 个元素的数组，x 是数组 T 的一个元素，如果数组中有一半以上的元素与 x 相同，则称元素 x 是数组 T 的主元素（major element）。例如，在数组 $T[7]=\{3,2,3,2,3,3,5\}$ 中，元素 3 是主元素。在一个组数中寻找其主元素，就称为主元素问题。

利用蒙特卡罗算法求解主元素问题可以随机地选择数组中的一个元素 $T[i]$ 进行统计。如果该元素出现的次数大于 $n/2$，则该元素就是数组的主元素，算法返回 1；否则随机选择的这个元素 $T[i]$ 不是主元素，算法返回 0，此时数组中可能有主元素也可能没有主元素。如果算法返回 0，则再次执行蒙特卡罗算法，直到算法返回 1，或者达到给定的错误概率。

求解主元素问题的蒙特卡罗算法实现如下：

```
import random
def Majority(T,n):
    i = random.randint(n)

    x = T[i]
    k = 0
    for j in range(n):
        if T[j] == x:
            k += 1
return k > n / 2  # k > n/2 时,T 含有主元素
```

如果数组中存在主元素，则非主元素的个数一定小于 $n/2$。因此，函数 Majority 将以大于 $1/2$ 的概率返回 1，以小于 $1/2$ 的概率返回 0，这说明函数出现错误的概率小于 $1/2$。连续运行算法 k 次，算法返回 0 的概率将减少为 2^{-k}，则算法发生错误的概率为 2^{-k}。对于任何给定错误概率 $\varepsilon>0$，重复调用 $\lceil\log_2(1/\varepsilon)\rceil$ 次算法 Majority MC，时间复杂度显然是 $O(n\log_2(1/\varepsilon))$。

2. 素数测试问题

关于素数的研究已有相当长的历史，近代密码学的研究又给它注入了新的活力。在关

于素数的研究中,素数的测试是一个非常重要的问题。研究结果表明,素数的分布是稀疏的,小于 10^4 的素数有 1229 个,小于 10^8 的素数有 5 761 455 个,小于 10^{12} 的素数有 37 607 912 018 个。

采用概率算法进行素数测试的理论基础来自现代数论之父费马（Pierre de Fermat）,他在 1640 年证明了下面的费马定理。

费马定理：如果 n 是一个素数,a 为正整数且 $0 < a < n$,则 $a^{n-1} \bmod n = 1$。

例如,7 是一个素数,取 $a = 5$,则 $a^{n-1} \bmod n = 5^6 \bmod 7 = 1$；67 是一个素数,取 $a = 2$,则 $a^{n-1} \bmod n = 2^{66} \bmod 67 = 1$。

费马定理表明,如果存在一个小于 n 的正整数 a,使得 $a^{n-1} \bmod n \neq 1$,则 n 肯定不是素数。因此,可以设计一个素数判定算法,通过计算 $d = a^{n-1} \bmod n$ 判定 n 是否是素数。如果 $d \neq 1$ 则 n 肯定不是素数；如果 $d = 1$,则 n 很可能是素数,但也存在合数 n,使得 $a^{n-1} \bmod n = 1$,例如,341 是合数,取 $a = 2$,而 $2^{340} \bmod 341 = 1$。

费马定理只是素数判定的一个必要条件,有些合数也满足费马定理,这些合数被称作卡米切尔数（Carmichael number）。卡米切尔数是非常少的,在 $1 \sim 100\ 000\ 000$ 范围内的整数中,只有 255 个卡米切尔数。为了提高素数测试的准确性,可以多次随机选取小于 n 的正整数 a,重复计算 $d = a^{n-1} \bmod n$ 来判定 n 是否是素数。例如,对于 341,取 $a = 3$,则 $3^{340} \bmod 341 = 56$,从而判定 341 不是素数。

下面给出了费马素数测试算法。注意,为了避免 a^{n-1} 超出 int 型的表示范围,算法每做一次乘法之后对 n 取模,而不是先计算 a^{n-1} 再对 n 取模。

费马素数测试算法：

```python
from random import random
# 利用辗转相除法求最大公因数
def BFactor(a, b):
    # 若b > a,则交换两个数的值
    if (b > a):
        t = a
        a = b
        b = t
    r = b  # 初始化r
    while (r != 0):
        r = a % b              # r为a/b的余数
        a = b
        b = r
    return a                   # 得到最后的 a 为(a,b)
def Fermat():
    n = int(input("请输入需要检测的整数 n:"))
    K = int(input("请输入循环次数 k:"))
    k = 0
    while (k < K):
        flag = False
        while (not flag):
            b = int(random() * (n - 2))  # 生成一个处于[2,n-2]区间的随机整数
            if (b >= 2 and b <= n - 2):
                flag = 5
        factor = BFactor(b, n)           # 计算(b,n)
        r = (b ** (n - 1)) % n           # 计算 b^(n-1)modn
```

```
        print("k = " + str(k + 1) + "时,取 b = " + str(b), end = ",")
        print("g = (" + str(b) + "," + str(n) + ") = " + str(factor), end = ',')
        print("r = " + str(b) + "^" + str(n - 1) + "(mod " + str(n) + ") = " + str(r),
end = ',')
        if (factor > 1):
            print("故 n = " + str(n) + "为合数")
            break
        elif (r != 1):
            print("故 n = " + str(n) + "为合数")
            break
        else:
            print("故 n = " + str(n) + "可能为素数")
            k += 1
    if (k == K):
        print("所以, n = " + str(n') + "可能为素数,n 为素数的概率为" + str((1 - 1 / (2 *
* k)) * 100) + "%")
```

普里姆算法返回 0 时,整数 n 一定是一个合数;如果返回 1,说明整数 n 可能是素数,还可能是卡米切尔数。当一个合数 n 对于整数 a 满足费马定理时,称整数 a 为合数 n 的伪证据(pseudo-witness)。所以,只有在选取到一个伪证据时,费马测试的结论才是错误的。

幸运的是,伪证据相当少。在小于 1000 的 332 个合数中,超过 15 个伪证据的合数不超过 160 个。如果考虑更大的整数,那么这个概率会更小。但是,有些合数的伪证据比例相当高,在小于 1000 的合数中,情况最坏的是 561,它有 318 个伪证据。最坏的一个例子是一个15 位的合数 651 693 055 693 681,它以大于 99.9965% 的概率返回 true,尽管这个数确实是合数。此时,通过之前采用的技巧,将普里姆算法重复任意次数,都不能将误差概率减少到任意小的 ε 内。

8.6 作业与思考题

1. 判断题

(1) 在计算机上生成随机数序列一直是个难题,目前只能近似解决。(   )

(2) 在线性同余法中,即使随机种子相同,一个随机数生成器也有可能生成不同的随机数序列。(   )

(3) 使用线性同余法生成的随机数只是一定程度上的随机,可以称为伪随机数。(   )

(4) 数值概率算法的计算精度一般都会随着计算时间的增加而不断下降。(   )

(5) 数值概率算法往往用于求问题的准确解。(   )

(6) 只要使用数值概率算法就能求得问题的正确解。(   )

(7) 相对于其对应的确定性算法,舍伍德算法的平均时间复杂度并没有改进。(   )

(8) 所谓的随机预处理技术,就是对其输入实例随机排列。(   )

(9) 对于八皇后问题,随机放置两个皇后再采用回溯法会比完全使用回溯法快大约 1 倍。(   )

(10) 只要有足够的时间,对于任何输出实例,拉斯维加斯算法总能找到问题的解。(   )

(11) 蒙特卡罗算法用于求解问题的近似解。(   )

(12) 蒙特卡罗算法得到正确解的概率随着它所用的计算时间的增加而上升。(   )

（13）蒙特卡罗是双重近似的：一个是使用概率模型模拟近似的数值计算，另一个是使用伪随机数模拟真正的随机变量的样本。（   ）

2. 选择题

（1）以下关于舍伍德算法说法正确的有（   ）。

    A. 舍伍德算法的关键就是避免算法的最坏情况行为。

    B. 舍伍德算法总能得到问题的正确解。

    C. 舍伍德算法可以借助随机预处理技术改造一个确定性算法。

    D. 舍伍德算法可以消除算法的时间复杂度与输入实例间的联系。

（2）以下关于拉斯维加斯算法说法错误的是（   ）。

    A. 如果用拉斯维加斯算法找到一个解，那么这个解肯定是正确的。

    B. 与蒙特卡罗算法不同的是，拉斯维加斯算法得到正确解的概率随着它所用的计算时间的增加而下降。

    C. 拉斯维加斯算法运行一次的结果是要么解正确，要么无解。

    D. 使用拉斯维加斯算法求解整数因子分解问题的时间复杂度为 $O(n^{1/2})$。

## 第9章

经典算法问题

9.1 鸡兔同笼问题

9.1.1 什么是鸡兔同笼问题

大约在 1500 年前,《孙子算经》中就记载了"鸡兔同笼"问题,题目描述如下:如果将若干只鸡、兔放在一个笼子里,从上面数有 35 个头,从下面数有 94 只脚,求笼中有几只鸡和兔。

9.1.2 鸡兔同笼问题求解

对于鸡兔同笼问题,首先容易想到的是,可以建立数学方程组,然后通过解方程来求得鸡和兔子的个数,具体操作如下:

假设鸡有 X 只,兔有 Y 只,根据题意构造出两个二元一次方程:

$$X + Y = 35$$
$$2X + 4Y = 94$$

因此便可以通过解方程组来得到结果,根据构建方程组的思想设计以下代码:

```
for X in range(1, 36):
Y = 35 - X
If 2 * X + 4 * Y == 94:
Print('鸡有{}只,兔子有{}只'.format(X, Y)
```

除了构建方程组的思想,这里再介绍一种方法:由题目可知笼子中共有 35 个头,如果把兔子的前面两只脚绑起来,看作一只脚,再把后面两只脚也绑起来,也可以看作是一只脚,兔子相当于只有两只脚,则笼子中总共有 $35 \times 2 = 70$ 只脚,而题目表明笼子中有 94 只脚,因此少了 24 只脚。

现在松开一只兔子脚上的绳子,脚的总数就会增加 2,再松开一只兔子脚上的绳子,总的脚数又会增加 2,这样持续下去,直至增加了 24 只脚,因此兔子有 24/2 = 12 只,鸡有 35 - 12 = 23 只。

这个方法的解题思路是：先假设全是鸡，于是根据鸡兔的总数就可以算出共有几只脚，把这样得到的脚数与给出的脚数进行比较，算出差值，每差两只脚就说明有一只兔子，将所得差值除以 2，就可以算出总共有多少只兔子。根据这个思路设计以下代码：

```python
while True:
    try:
        def calcual(head, foot):
            x = head                    # 假设有 x 只鸡
            y = (foot - (x * 2))/2      # 则兔子的个数为 y
            z = head - y                # 实际有 z 只鸡
            return y, z
        m = int(input('请输入笼子中头总共有:'))
        n = int(input('请输入笼子中脚总共有:'))
        if m < 2:
            print('输入的头的总数不符,请重新输入>>>')
        elif n < 6:
            print('输入的脚的总数不符,请重新输入>>>')
        else:
            y, z = calcual(m, n)
            print('笼子中有%d只兔子,%d只鸡' % (y, z))
    except:
        print('操作异常')
```

对于这个方法，思路同样也很清晰，在设计代码时，考虑了当输入的头和脚的数目不合法时，代码应该能进行提示；同时也引入了 try 和 except 块，可以处理一些异常。

9.2 汉诺塔问题

9.2.1 什么是汉诺塔问题

汉诺塔（Hanoi）问题描述如下：假设有 A、B、C 三根柱子，在 A 柱上插有 n 个直径不一的圆盘，圆盘从上往下逐渐增大，对应的编号为 $1,2,3,\cdots,n$。现要将圆盘从 A 柱移动到 C 柱并且仍然按原来的顺序摆放圆盘，移动规则如下：

（1）一次只能移动一个圆盘。

（2）圆盘可以插在 A、B、C 中的任一根柱子上。

（3）小盘只能放在大盘之上，而大盘不能放在小盘之上。

9.2.2 汉诺塔问题求解

那么在满足移动规则之下，要如何移动圆盘来达到目的呢？首先，对 n 的不同取值来进行分析：

（1）$n=1$ 时，直接将圆盘从 A 柱移动到 C 柱。

（2）$n=2$ 时，把小圆盘从 A 柱移动到 B 柱，把大圆盘从 A 柱移动到 C 柱，再把小圆盘从 B 柱移动到 C 柱。

（3）$n>2$ 时，首先将上面的 $n-1$ 个圆盘看成一个整体，第 n 个圆盘看成另一个整体，将圆盘分成两部分，移动步骤如下：

① 将 $n-1$ 个圆盘从 A 柱经过 C 柱移动到 B 柱；

② 把第 n 个圆盘从 A 柱移动到 C 柱；

③ 将 $n-1$ 个圆盘从 B 柱经过 A 柱移动到 C 柱。

当 $n=1$ 或者 $n=2$ 时，移动步骤比较简单明了，但大多数情况下都是 $n>2$ 的情形，所以应重点关注 $n>2$ 的情况。当 $n>2$ 时，经过上述步骤的移动之后，如何将 $n-1$ 个圆盘从一根柱子移动到另外一根柱子成为了问题，但这显然和将 n 个圆盘从 A 柱移动到 C 柱的问题是一样的逻辑，不同的是，问题规模数从 n 降为了 $n-1$，因此汉诺塔问题是一个典型的递归问题，可以使用递归函数来解决汉诺塔问题。

所谓递归函数，就是一个函数在内部调用函数本身。递归函数具有以下特性：

（1）必须要有一个出口，也就是有递归结束条件。

（2）每进行一次递归之后，问题规模数较上次相比都有相应减小。

（3）相邻两次的递归具备一定联系，即前一次要为后一次做准备（一般前一次的输出结果会作为后一次的输入）。

但是递归函数效率不高，而且递归层次过多会导致栈溢出（在计算机中，函数调用是通过栈（stack）这种数据结构实现的，每当进入一个函数调用，栈就会加一层栈帧，当函数返回，栈就会减一层栈帧。由于栈的大小不是无限的，所以递归调用的次数过多，会导致栈溢出）。下面通过几个递归函数实例来进一步理解递归函数。

（1）直接调用自己。

```python
def func():
print('from func')
func()
func()  # 函数调用
```

（2）间接调用自己。

```python
def func():
print('from func')
bar()
def bar():
print('from bar')
func()  # 间接调用自己
func()
```

（3）递归实际运用——斐波那契数列。

```python
def fib(n):
If n < 2:
return n
else:
return fib(n-1) + fib(n-2)
```

在了解了什么是递归函数之后，就可以使用递归函数来解决汉诺塔问题了，下面是具体代码。

```python
# 函数的意义是,表示 n 个盘子从 a,经过 b 移动到 c
def hanoi(n, a, b, c):
    if n > 0:        # 递归终止条件是 n = 0,一个盘子也不用移动
# 表示 n-1 个盘子从 a,经过 c 移动到 b,问题规模数降为了 n-1
        hanoi(n-1, a, c, b)
        print("moving from %s to %s" % (a, c))
        hanoi(n-1, b, a, c)
```

```
hanoi(5, 'A', 'B', 'C') # 调用函数
```

代码非常简短，完全对应 $n > 2$ 时的移动步骤。可以发现，使用递归函数可以使问题规模数逐渐减小，最终达到递归终止条件，跳出递归，从而解决问题。

9.3 三色球问题

9.3.1 什么是三色球问题

三色球问题描述如下：有红、黄、绿 3 种颜色的球，其中红球 3 个，黄球 3 个，绿球 6 个。先将这 12 个球混合放在一个盒子中，从中任意摸出 8 个球，编程计算摸出球的各种颜色搭配。

9.3.2 三色球问题求解

这是一个排列组合的问题：从 12 个球中任意摸出 8 个球，求颜色的种类。解决这类问题的一种比较简单、直观的方法是使用穷举法，在可能的空间中找出所有搭配，然后根据限制条件加以排除，最终筛选出正确的答案。在本题中，其中绿球不可能被摸到 0 个或者 1 个。假设只摸到一个绿球，那么摸到红球和黄球的总数一定为 7，而红球和黄球总数才为 6，因此假设不能成立。同理，绿球不可能被摸到 0 个。因为随便从 12 个球中摸取，一切都是随机的，所以每种颜色被摸到的可能个数如下所示：

(1) 红球：0,1,2,3。

(2) 黄球：0,1,2,3。

(3) 绿球：2,3,4,5,6。

可以对红、黄、绿 3 种球可能被摸到的个数进行排列，组合到一起而构成一个解空间，那么解空间大小为 $4 \times 4 \times 5 = 80$ 种颜色搭配组合，但是只有满足"红球数＋黄球数＋绿球数＝8"这个条件的才是真正的答案，其他的搭配不符合题目要求。下面为具体的代码设计：

```
for red in range(4):                              # 红球个数只能为 0,1,2,3
    for yellow in range(4):                       # 黄球个数只能为 0,1,2,3
        for green in range(2,7):                  # 绿球个数只能为 2,3,4,5,6
            if red + yellow + green == 8:         # 满足红黄绿 3 种球总数为 8
                print('红球有 %d\t 黄球有 %d\t 绿球有 %d' % (red, yellow, green))
```

上面通过 3 层循环嵌套结构，对所有可能组合的情况进行了考虑，但只会对满足条件的组合，也就是红黄绿 3 种球总数为 8 的组合进行打印。但这个方法也有局限性，如果问题规模数很大，那么使用 3 层循环嵌套结构，会导致时间复杂度非常大，运行效率低。因此，读者可以自我思考，使用其他方法，使代码更加优化。

9.4 野人与传教士问题

9.4.1 什么是野人与传教士问题

野人与传教士问题描述如下：在河的左岸有 N 个传教士、N 个野人和一条船，传教士们想用这条船把所有人都运过河去，但有以下条件限制：

(1) 传教士和野人都会划船，但船每次最多只能运 M 个人；

(2) 在任何岸边及船上,野人数目都不能超过传教士,否则传教士会被野人吃掉。

假设野人会服从任何一种过河安排,请规划出一个确保传教士安全过河的计划。

9.4.2 野人与传教士问题求解

1. 算法分析

对于野人与传教士问题,大多数解决方案是用左岸的传教士人数和野人数目以及船的位置这样一个三元组作为状态,进行考虑。下面换一种考虑思路,只考虑船的状态。

(1) 船的状态为 (x, y),其中 x 表示船上有 x 个传教士,y 表示船上有 y 个野人;其中 $|x| \in [0, m]$,$|y| \in [0, m]$,$0 < |x| + |y| \leqslant m$,$xy \geqslant 0$,$|x| \geqslant |y|$。船从左岸到右岸时,$x$ 和 y 取非负数。船从右岸到左岸时,x 和 y 取非正数。

(2) 解的编码为 $[(x_0, y_0), (x_1, y_1), \cdots, (x_p, y_p)]$,其中 $x_0 + x_1 + \cdots + x_p = N$,$y_0 + y_1 + \cdots + y_p = N$。解的长度不固定,但一定为奇数。

(3) 开始时左岸为 (N, N),右岸为 $(0, 0)$。最终时左岸为 $(0, 0)$,右岸为 (N, N)。由于船的合法状态是动态的、二维的,因此可以使用 get_states() 函数专门生成其状态空间,使得主程序更加清晰。在此可将问题抽象成:将船的初始状态经过一系列中间状态转化为目标状态,通过载人划船来改变状态。

2. 具体实现

野人与传教士问题具体实现算法如下:

```
n = 3                    # n 个传教士,n 个野人
m = 2                    # 船能载 m 人
x = []                   # 一个解,就是船的一系列状态
X = []                   # 一组解
is_found = False         # 全局终止标志

# 计算船的合法状态空间(二维)
def get_states(k):       # 船准备跑第 k 趟
    global n, m, x

    if k % 2 == 0:       # 从左到右,只考虑原左岸人数
        s1 = n - sum(s[0] for s in x)
    s2 = n - sum(s[1] for s in x)
    else:                # 从右到左,只考虑原右岸人数(将船的历史状态累加可得!)
    s1 = sum(s[0] for s in x)
    s2 = sum(s[1] for s in x)
    for i in range(s1 + 1):
        for j in range(s2 + 1):
            if 0 < i + j <= m and (i * j == 0 or i >= j):
                yield [(-i, -j), (i, j)][k % 2 == 0]   # 生成船的合法状态
# 冲突检测
def conflict(k):         # 船开始跑第 k 趟
    global n, m, x       # 若船上载的人与上一趟一样(会陷入死循环!)

    if k > 0 and x[-1][0] == -x[-2][0] and x[-1][1] == -x[-2][1]:
        return True      # 任何时候,船上传教士人数少于野人,或者无人,或者超载
        # if 0 < abs(x[-1][0]) < abs(x[-1][1]) or x[-1] == (0, 0) or abs(sum(x[-1])) > m:
        # return True    # 任何时候,左岸传教士人数少于野人
    if 0 < n - sum(s[0] for s in x) < n - sum(s[1] for s in x):
        return True      # 任何时候,右岸传教士人数少于野人
        if 0 < sum(s[0] for s in x) < sum(s[1] for s in x):
```

```
        return True
        return False                        # 无冲突
    # 回溯法
    def backtrack(k):                       # 船准备跑第 k 趟
        global n, m, x, is_found
        if is_found: return                 # 终止所有递归
        if n - sum(s[0] for s in x) == 0 and n - sum(s[1] for s in x) == 0:    # 左岸人数全为 0
            print(x)
            is_found = True
        else:
            for state in get_states(k):     # 遍历船的合法状态空间
                x.append(state)
                if not conflict(k):
                    backtrack(k + 1)         # 深度优先
                x.pop()                      # 回溯
    # 测试
    backtrack(0)
```

9.5 作业与思考题

1. 甲、乙两支乒乓球队进行比赛，其中，甲队出 a、b、c 三人，乙队出 x、y、z 三人，以抽签决定比赛名单，有人向队员打听比赛的名单，a 说他不和 x 比，c 说他不和 x、z 比，请编写程序，找出比赛名单。

2. 给定一个长度为 n 的整数数组 height。有 n 条垂线，第 i 条线的两个端点是 (i, 0) 和 (i, height[i])。找出其中的两条线，使得它们与 x 轴共同构成的容器可以容纳最多的水。返回容器可以储存的最大水量。

说明：不能倾斜容器。

示例 1：

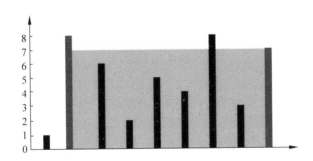

输入：[1,8,6,2,5,4,8,3,7]
输出：49

解释：图中垂直线代表输入数组 [1,8,6,2,5,4,8,3,7]。在此情况下，容器能够容纳水（表示为蓝色部分）的最大值为 49。

示例 2：

输入：height = [1,1]
输出：1

## 第10章

游戏与算法实践

10.1 酷跑游戏

10.1.1 酷跑游戏描述

酷跑游戏使用基于 Python 的框架实现。游戏精灵是一只小猫,按空格键可以让小猫跳跃,通过跳跃可以躲避子弹和恐龙的袭击,游戏结束后,会将得分保存在文件 data.txt 中。另外,游戏中还有恐龙、火焰、爆炸动画和添加果实等功能。

10.1.2 酷跑游戏实现

1. 定义发射函数

定义火箭发射函数 reset_arrow(),具体实现代码如下:

```
def reset_arrow():
y = random.randint(270, 350)              # 随机生成初始值
arrow.position = 800, y                    # 定义位置
bullent_sound.play_sound()                 # 播放声音
```

2. 定义地图类

定义滚动地图类 MyMap,一直横向向右运动,和游戏的进程保持同步,具体实现代码如下:

```
class MyMap(pygame.sprite.Sprite):
def __init__(self, x, y):
# 坐标
self.x = x
self.y = y
# 背景图片的加载
self.bg = pygame.image.load("background.png").convert_alpha()
def map_rolling(self):
if self.x < - 300:
self.x = 300
```

```
else:
self.x = - 5
def map_update(self):
screen.blit(self.bg, (self.x, self.y))
# 设置相应位置
def set_pos(x, y):
self.x = x
self.y = y
```

3. 定义按钮处理类

定义按钮处理类 Button，分别实现开始游戏和游戏结束等功能。具体实现代码如下：

```
class Button(object):
# 初始化
    def __init__(self, upimage, downimage, position):
        self.imageUp = pygame.image.load(upimage).convert_alpha()
        self.imageDown = pygame.image.load(downimage).convert_alpha()
        self.position = position
        self.game_start = False                    # 游戏开始,默认设置为 false
    # 游戏是否结束
    def isOver(self):
        point_x, point_y = pygame.mouse.get_pos()  # 得到游戏鼠标的位置
        x, y = self.position
        w, h = self.imageUp.get_size()
        in_x = x - w / 2 < point_x < x + w / 2
        in_y = y - h / 2 < point_y < y + h / 2
        return in_x and in_y
def render(self):
        w, h = self.imageUp.get_size()
x, y = self.position
if self.isOver():
screen.blit(self.imageDown, (x - w / 2, y - h / 2))
else:
screen.blit(self.imageUp, (x - w / 2, y - h / 2))
def is_start(self):
if self.isOver():
b1, b2, b3 = pygame.mouse.get_pressed()
if b1 == 1:
self.game_start = True
bg_sound.play_pause()
btn_sound.play_sound()
bg_sound.play_sound()
w, h = self.imageUp.get_size()
x, y = self.position
```

4. 播放游戏音乐

调用函数 replay_music() 播放游戏音乐，调用函数 data_read() 将游戏最高得分保存到文件 data.txt 中，具体实现代码如下：

```
def replay_music():
bg_sound.play_pause()
bg_sound.play_sound()
#定义一个数据 IO 的方法
def data_read():
```

```
fd_1 = open("data.txt","r")
best_score = fd_1.read()
fd_1.close()
return best_score
```

5. 主程序

在主程序中定义游戏所需要的变量和常量。具体实现代码如下：

```
def audio_init():
global hit_au,btn_au,bg_au,bullent_au          # 定义全局变量
pygame.mixer.init()
hit_au = pygame.mixer.Sound("exlposion.wav")
btn_au = pygame.mixer.Sound("button.wav")
bg_au = pygame.mixer.Sound("background.ogg")
bullent_au = pygame.mixer.Sound("bullet.wav")


# 定义音乐的类
class Music():
def __init__(self,sound)
self.channel = None
self.sound = sound
def play_sound(self):
        self.channel = pygame.mixer.find_channel(True)
        self.channel.set_volume(0.5)
        self.channel.play(self.sound)
def play_pause(self):
            self.channel.set_volume(0.0)
self.channel.play(self.sound)


# 主程序部分
pygame.init()                                  # 游戏初始化
audio_init()                                   # 声音初始化
screen = pygame.display.set_mode((800,600),0,32) # 屏幕显示设置
pygame.display.set_caption("奔跑吧猫猫!")
font = pygame.font.Font(None, 22)
font1 = pygame.font.Font(None, 40)
framerate = pygame.time.Clock()
    upImageFilename = 'game_start_up.png'
downImageFilename = 'game_start_down.png'
# 创建按钮对象
button = Button(upImageFilename,downImageFilename, (400,500))
interface = pygame.image.load("interface.png")
# 创建地图对象
bg1 = MyMap(0,0)
    bg2 = MyMap(300,0)
# 创建一个精灵组
group = pygame.sprite.Group()
group_exp = pygame.sprite.Group()
group_fruit = pygame.sprite.Group()
# 创建怪物精灵
dragon = MySprite()
dragon.load("dragon.png", 260, 150, 3)
dragon.position = 100, 230
group.add(dragon)
```

```
#创建爆炸动画
explosion = MySprite()
explosion.load("explosion.png",128,128,6)
#创建玩家精灵
player = MySprite()
player.load("sprite.png", 100, 100, 4)
player.position = 400, 270
group.add(player)
#创建子弹精灵
arrow = MySprite()
arrow.load("flame.png", 40, 16, 1)
arrow.position = 800,320
group.add(arrow)
#定义一些变量
arrow_vel = 10.0
game_over = False
    you_win = False
player_jumping = False
jump_vel = 0.0
player_start_y = player.Y
player_hit = False
monster_hit = False
p_first = True
m_first = True
best_score = 0
global bg_sound,hit_sound,btn_sound,bullent_sound
bg_sound = Music(bg_au)
hit_sound = Music(hit_au)
btn_sound = Music(btn_au)
bullent_sound = Music(bullent_au)
game_round = {1:'ROUND ONE',2:'ROUND TWO',3:'ROUND THREE',4:'ROUND FOUR',
5:'ROUND FIVE'}
game_pause = True
index = 0
current_time = 0
start_time = 0
    music_time = 0
score = 0
replay_flag = True
#循环
bg_sound.play_sound()
best_score = data_read()
while True:
framerate.tick(60)
ticks = pygame.time.get_ticks()
for event in pygame.event.get():
if event.type == pygame.QUIT:
            pygame.quit()
sys.exit()
```

6. 监听玩家

监听玩家是否按下键盘，并按 Esc 键退出游戏，具体实现代码如下：

```
keys = pygame.key.get_pressed()
```

```
if keys[K_ESCAPE]:
pygame.quit()
sys.exit()
elif keys[K_SPACE]:
if not player_jumping:
player_jumping = True
jump_vel = -12.0
```

7. 退出游戏

退出游戏时将最高分保存到记事本文件中,具体实现代码如下:

```
screen.blit(interface,(0,0))
button.render()
button.is_start()
if button.game_start == True:
if game_pause :
index += 1
tmp_x = 0
if score > int (best_score):
best_score = score
fd_2 = open("data.txt","w+")
fd_2.write(str(best_score))
fd_2.close()
# 判断游戏是否通关
if index == 6:
you_win = True
if you_win:
start_time = time.clock()
current_time = time.clock()-start_time
        while current_time < 5:
screen.fill((200, 200, 200))
print_text(font1, 270, 150,"YOU WIN THE GAME!",(240,20,20))
current_time = time.clock()-start_time
print_text(font1, 320, 250, "Best Score:",(120,224,22))
print_text(font1, 370, 290, str(best_score),(255,0,0))
print_text(font1, 270, 330, "This Game Score:",(120,224,22))
print_text(font1, 385, 380, str(score),(255,0,0))
pygame.display.update()
pygame.quit()
sys.exit()
for i in range(0,100):
element = MySprite()
element.load("fruit.bmp", 75, 20, 1)
tmp_x += random.randint(50,120)
element.X = tmp_x + 300
element.Y = random.randint(80,200)
        group_fruit.add(element)
            start_time = time.clock()
            current_time = time.clock()-start_time
            while current_time < 3:
                screen.fill((200, 200, 200))
                print_text(font1, 320, 250,game_round[index],(240,20,20))
                pygame.display.update()
                game_pause = False
```

```
current_time = time.clock() - start_time
```

8. 子弹更新和碰撞检测

实现子弹更新和碰撞检测功能，检测子弹是否击中玩家和恐龙，具体实现代码如下：

```
# 更新子弹
if not game_over:
        arrow.X -= arrow_vel
if arrow.X < -40: reset_arrow()
# 碰撞检测,子弹是否击中玩家
if pygame.sprite.collide_rect(arrow, player):
reset_arrow()
explosion.position = player.X, player.Y
        player_hit = True
hit_sound.play_sound()
if p_first:
group_exp.add(explosion)
p_first = False
player.X -= 10
# 碰撞检测,子弹是否击中恐龙
if pygame.sprite.collide_rect(arrow, dragon):
reset_arrow()
explosion.position = dragon.X + 50, dragon.Y + 50
monster_hit = True
hit_sound.play_sound()
if m_first:
group_exp.add(explosion)
m_first = False
dragon.X -= 10
```

9. 碰撞检测

实现碰撞检测，检查玩家是否被恐龙追上，具体实现代码如下：

```
# 碰撞检测,玩家是否被恐龙追上
if pygame.sprite.collide_rect(player, dragon):
game_over = True
# 遍历果实,使果实移动
for e in group_fruit:
e.X -= 5
collide_list = pygame.sprite.spritecollide(player, group_fruit, True)
score += len(collide_list)
```

10. 通过关卡

检查玩家是否通过关卡，具体实现代码如下：

```
# 是否通过关卡
if dragon.X < -100:
    game_pause = True
reset_arrow()
player.X = 400
dragon.X = 100
```

11. 检测玩家状态

检测玩家是否处于跳跃状态，具体实现代码如下：

```
# 检测玩家是否处于跳跃状态
```

```
if player_jumping:
if jump_vel < 0:
    jump_vel += 0.6
elif jump_vel >= 0:
    jump_vel += 0.8
player.Y += jump_vel
if player.Y > player_start_y:
        player_jumping = False
        player.Y = player_start_y
        jump_vel = 0.0
```

12. 游戏背景

绘制游戏背景,具体实现代码如下:

```
#绘制背景
bg1.map_update()
bg2.map_update()
bg1.map_rolling()
bg2.map_rolling()
```

13. 更新精灵组

更新精灵组,具体实现代码如下:

```
#更新精灵组
if not game_over:
    group.update(ticks, 60)
    group_exp.update(ticks,60)
    group_fruit.update(ticks,60)
```

14. 播放背景音乐

循环播放背景音乐,具体实现代码如下:

```
#循环播放背景音乐
music_time = time.clock()
if music_time > 150 and replay_flag:
replay_music()
replay_flag = False
```

15. 绘制精灵组

绘制精灵组,具体实现代码如下:

```
#绘制精灵组
    group.draw(screen)
    group_fruit.draw(screen)
if player_hit or monster_hit:
    group_exp.draw(screen)
    print_text(font, 330, 560, "press SPACE to jump up!")
print_text(font, 200, 20, "You have get Score:",(219,224,22))
print_text(font1, 380, 10, str(score),(255,0,0))
if game_over:
    start_time = time.clock()
    current_time = time.clock() - start_time
    while current_time < 5:
        screen.fill((200, 200, 200))
    print_text(font1, 300, 150,"GAME OVER!",(240,20,20))
```

```
        current_time = time.clock() − start_time
        print_text(font1, 320, 250, "Best Score:",(120,224,22))
        if score > int (best_score):
            best_score = score
        print_text(font1, 370, 290, str(best_score),(255,0,0))
        print_text(font1, 270, 330, "This Game Score:",(120,224,22))
        print_text(font1, 370, 380, str(score),(255,0,0))
        pygame.display.update()
fd_2 = open("data.txt","w + ")
fd_2.write(str(best_score))
fd_2.close()
pygame.quit()
sys.exit()
pygame.display.update()
```

10.2 连连看游戏

10.2.1 连连看游戏描述

《水果连连看》是一款休闲游戏，游戏规则与连连看小游戏的相同，然而连连看经过多年的演变与创新，游戏规则也跟着多样化，但是依然保留着简单易上手、男女老少都适合玩的特点。本实例的游戏规则是：使用鼠标对相同的 3 张或多张水果图片进行碰撞，以达到消除条件。

10.2.2 连连看游戏实现

1. 调用功能函数

调用功能函数以显示指定大小的窗体界面。具体实现代码如下：

```
from os.path import join
import pyglet.resource
import os.path
from cocos import director
from cocos.scene import Scene
from cocos.layer import MultiplexLayer
from Menus import MainMenu
def main():
    script_dir = os.path.dirname(os.path.realpath(__file__))    # 读取相应文件
    pyglet.resource.path = [join(script_dir, '..')]             # 连接路径
    pyglet.resource.reindex()
    director.director.init(width = 800, height = 650, caption = "Match 3")
    scene = Scene()
    scene.add(MultiplexLayer(MainMenu()), z = 1)
    director.director.run(scene
if __name__ == '__main__':
    main()
```

2. 监听鼠标事件

具体代码如下：

```
from cocos.layer import Layer
class GameController(Layer):
```

```
        is_event_handler = True  # 启用 pyglet's 事件
        def __init__(self, model):
            super(GameController, self).__init__()
            self.model = model
        def on_mouse_press(self, x, y, buttons, modifiers):
            self.model.on_mouse_press(x, y)
        def on_mouse_drag(self, x, y, dx, dy, buttons, modifiers):
            self.model.on_mouse_drag(x, y)
```

3. 实现水果元素

在网格中更新显示各个水果元素，并且随着时间推移显示不同的视图，通过指定函数分别实现游戏结束视图和完成一个级别后的视图。具体实现代码如下：

```
import cocos
from cocos.director import director
from cocos.scene import Scene
from HUD import HUD
from GameModel import GameModel
from GameController import GameController
__all__ = ['get_newgame']
class GameView(cocos.layer.ColorLayer):
is_event_handler = True  # : 启用 director.window 事件
def __init__(self, model, hud):
super(GameView, self).__init__(64, 64, 224, 0)
model.set_view(self)
self.hud = hud
self.model = model
self.model.push_handlers(self.on_update_objectives,
self.on_update_time,
self.on_game_over,
self.on_level_completed)
            self.model.start()
self.hud.set_objectives(self.model.objectives)
self.hud.show_message('GET READY')
def on_update_objectives(self):
self.hud.set_objectives(self.model.objectives)
def on_update_time(self, time_percent):
self.hud.update_time(time_percent)
def on_game_over(self):
self.hud.show_message('GAME OVER', msg_duration = 3, callback = lambda:
director.pop())
def on_level_completed(self):
self.hud.show_message('LEVEL COMPLETED', msg_duration = 3,
callback = lambda:self.model.set_next_level())
        def get_newgame():
            scene = Scene()
            model = GameModel()
            controller = GameController(model)
# 视图
hud = HUD()
view = GameView(model, hud)
# 模型中的控制器
model.set_controller(controller)
# 添加控制器
```

```
scene.add(controller, z = 1, name = "controller")
scene.add(hud, z = 3, name = "hud")
scene.add(view, z = 2, name = "view")
return scene
```

4. 实现菜单功能

实现游戏界面中的菜单功能，具体实现代码如下：

```
from cocos.menu import *
from cocos.director import director
from cocos.scenes.transitions import *
import pyglet
class MainMenu(Menu):
    def __init__(self):
        super(MainMenu, self).__init__('Match3')
        # 可以重写标题和项目所使用的字体
        # 也可以重写字体大小和颜色
        self.font_title['font_name'] = 'Edit Undo Line BRK'
        self.font_title['font_size'] = 72
        self.font_title['color'] = (204, 164, 164, 255)
        self.font_item['font_name'] = 'Edit Undo Line BRK',
        self.font_item['color'] = (32, 16, 32, 255)
        self.font_item['font_size'] = 32
        self.font_item_selected['font_name'] = 'Edit Undo Line BRK'
        self.font_item_selected['color'] = (32, 100, 32, 255)
        self.font_item_selected['font_size'] = 46
        # 例如菜单可以垂直对齐和水平对齐
        self.menu_anchor_y = CENTER
        self.menu_anchor_x = CENTER
        items = []
        items.append(MenuItem('New Game', self.on_new_game))
        items.append(MenuItem('Quit', self.on_quit))
        self.create_menu(items, shake(), shake_back())
    def on_new_game(self):
        import GameView
        director.push(FlipAngular3DTransition(GameView.get_newgame(), 1.5))
    def on_options(self):
        self.parent.switch_to(1)
    def on_scores(self):
        self.parent.switch_to(2)
    def on_quit(self):
        pyglet.app.exit()
```

5. 实现 MVC 模式中的模型功能

以下几个函数分别实现游戏中的各个功能。

（1）调用函数 set_next_level()开始游戏的下一关。具体实现代码如下：

```
def start(self):
    self.set_next_level()
def set_next_level(self):
    self.play_time = self.max_play_time = 60
    for elem in self.imploding_tiles + self.dropping_tiles:
        self.view.remove(elem)
        self.on_game_over_pause = 0
```

```
        self.fill_with_random_tiles()
        self.set_objectives()
            pyglet.clock.unschedule(self.time_tick)
            pyglet.clock.schedule_interval(self.time_tick, 1)
```

（2）调用函数 time_tick()实现游戏的倒计时功能，时间结束游戏也结束。具体实现代码如下：

```
def time_tick(self, delta):
    self.play_time -= 1
    self.dispatch_event("on_update_time", self.play_time / float(self.max_play_time))
    if self.play_time == 0:
        pyglet.clock.unschedule(self.time_tick)
            self.game_state = GAME_OVER
            self.dispatch_event("on_game_over")
```

（3）调用函数 set_objectives()随机设置显示的水果。具体实现代码如下：

```
def set_objectives(self):
objectives = []
while len(objectives) < 3:
tile_type = choice(self.available_tiles)
sprite = self.tile_sprite(tile_type, (0, 0))
count = randint(1, 20)
if tile_type not in [x[0] for x in objectives]:
    objectives.append([tile_type, sprite, count])
self.objectives = objectives
```

（4）调用函数 fill_with_random_tiles()用随机生成的水果填充单元格。具体实现代码如下：

```
def fill_with_random_tiles(self):
    """
    用随机 tiles 填充 tile_grid
    """
    for elem in [x[1] for x in self.tile_grid.values()]:
        self.view.remove(elem)
    tile_grid = {}
    # 用随机 tile 类型填充数据矩阵
    while True:  # 循环,直到得到一个有效的表(没有内爆线)
        for x in range(COLS_COUNT):
            for y in range(ROWS_COUNT):
                tile_type, sprite = choice(self.available_tiles), None
                tile_grid[x, y] = tile_type, sprite
        if len(self.get_same_type_lines(tile_grid)) == 0:
            break
        tile_grid = {}
# 基于指定的 tile 类型构建精灵
    for key, value in tile_grid.items():
        tile_type, sprite = value
        sprite = self.tile_sprite(tile_type, self.to_display(key))
        tile_grid[key] = tile_type, sprite
        self.view.add(sprite)
    self.tile_grid = tile_grid
```

（5）调用函数 swap_elements()交换两个水果元素的位置。具体实现代码如下：

```
def swap_elements(self, elem1_pos, elem2_pos):
    tile_type, sprite = self.tile_grid[elem1_pos]
    self.tile_grid[elem1_pos] = self.tile_grid[elem2_pos]
    self.tile_grid[elem2_pos] = tile_type, sprite
```

10.3 五子棋游戏

10.3.1 五子棋游戏描述

五子棋的行棋规则是：黑棋先下第一子，后白棋在黑棋周围的交叉点落子，之后黑白双方相互顺序落子，最先在棋盘线交叉点横向、纵向、斜向形成连续的5个棋子的一方为胜。

10.3.2 五子棋游戏实现

1. 构建游戏框架

构建游戏框架，导入相关包，分别实现初始化、加载图片和主循环功能。设置屏幕左上角为起点，向右宽度逐渐增加，向下高度逐渐增加。具体实现代码如下：

```python
import pygame
import os
import random
# from pprint import pprint
# import numpy as np
        WIDTH = 720
        HEIGHT = 720
        GRID_WIDTH = WIDTH // 20
    FPS = 30
# define colors
WHITE = (255, 255, 255)
BLACK = (0, 0, 0)
RED = (255, 0, 0)
GREEN = (0, 255, 0)
BLUE = (0, 0, 255)
pygame.init()
pygame.mixer.init()
screen = pygame.display.set_mode((WIDTH, HEIGHT))
pygame.display.set_caption("五子棋")
clock = pygame.time.Clock()
all_sprites = pygame.sprite.Group()
base_folder = os.path.dirname(__file__)
    # 加载各种资源
img_folder = os.path.join(base_folder, 'images')
background_img = pygame.image.load(os.path.join(img_folder, 'back.png')).convert()
snd_folder = os.path.join(base_folder, 'music')
hit_sound = pygame.mixer.Sound(os.path.join(snd_folder, 'buw.wav'))
back_music = pygame.mixer.music.load(os.path.join(snd_folder, 'background.mp3'))
pygame.mixer.music.set_volume(0.4)
background = pygame.transform.scale(background_img, (WIDTH, HEIGHT))
back_rect = background.get_rect()
```

2. 调用函数

调用函数绘制棋盘并刷新屏幕，具体实现代码如下：

```
running = True
while running:
    # 设置屏幕刷新频率
    clock.tick(FPS)
    # 处理不同事件
    for event in pygame.event.get():
    # 检查是否关闭窗口
    if event.type == pygame.QUIT:
        running = False
    # 画出棋盘
    draw_background(screen)
    # 刷新屏幕
    pygame.display.flip()
```

3. 实现棋盘绘制功能

整个绘制过程分为如下 3 个步骤。

(1) 画背景图片。

(2) 画出网格线。

(3) 画出 5 个小黑点(围棋棋盘上有 9 个小黑点)。

棋盘绘制功能用到如下所示的函数。

(1) screen.blit:功能是复制像素点到指定位置,第一个参数是源,第二个是位置(左上角的坐标)。

(2) pygame.draw.line:功能是画线,第一个参数为屏幕,第二个参数为颜色,第三个参数为起点,第四个参数为终点。

(3) pygame.draw.circle:功能是画圆形,第一、第二个参数和画线函数的一样,第三、第四个参数分别为圆心和半径。

棋盘绘制函数 draw_background() 的实现代码如下:

```
# draw background lines
def draw_background(surf):
    # 加载背景图片
        screen.blit(background, back_rect)
    # 画网格线,棋盘为 19 行 19 列
    # 1. 画出边框
    rect_lines = [
        ((GRID_WIDTH, GRID_WIDTH), (GRID_WIDTH, HEIGHT - GRID_WIDTH)),
        ((GRID_WIDTH, GRID_WIDTH), (WIDTH - GRID_WIDTH, GRID_WIDTH)),
        ((GRID_WIDTH, HEIGHT - GRID_WIDTH),
        (WIDTH - GRID_WIDTH, HEIGHT - GRID_WIDTH)),
        ((WIDTH - GRID_WIDTH, GRID_WIDTH),
        (WIDTH - GRID_WIDTH, HEIGHT - GRID_WIDTH)),
    ]
        for line in rect_lines:
        pygame.draw.line(surf, BLACK, line[0], line[1], 2)
    for i in range(17):
        pygame.draw.line(surf, BLACK,
                        (GRID_WIDTH * (2 + i), GRID_WIDTH),
                        (GRID_WIDTH * (2 + i), HEIGHT - GRID_WIDTH))
        pygame.draw.line(surf, BLACK,
                        (GRID_WIDTH, GRID_WIDTH * (2 + i)),
```

```
                                   (HEIGHT - GRID_WIDTH, GRID_WIDTH * (2 + i)))
                circle_center = [
                                   (GRID_WIDTH * 4, GRID_WIDTH * 4),
                                   (WIDTH - GRID_WIDTH * 4, GRID_WIDTH * 4),
                                   (WIDTH - GRID_WIDTH * 4, HEIGHT - GRID_WIDTH * 4),
                                   (GRID_WIDTH * 4, HEIGHT - GRID_WIDTH * 4),
                                   (GRID_WIDTH * 10, GRID_WIDTH * 10)
                                ]
         for cc in circle_center:
             pygame.draw.circle(surf, BLACK, cc, 5)
```

4. 处理落子过程

落子的具体过程大概分为获取鼠标的位置、计算位置所对应的落子点和画出棋子。落子过程在主函数中的实现过程如下：

```
if event.type == pygame.QUIT:
running = False
elif event.type == pygame.MOUSEBUTTONDOWN:
```

接下来详细介绍上述落子操作的实现过程。

（1）获取鼠标的位置。获取鼠标的位置很简单，Pygame为我们做好了各种事件的检测及记录，只需要看有没有鼠标落下事件的发生，然后获取位置即可。通过如下代码即可获取鼠标的位置：

```
pos = event.pos
```

（2）计算网格点的位置。要计算网格点的位置，只需要用坐标值除以网格的宽度就可以了。注意，不可能每次都单击到网格点上，因此需要一个四舍五入的过程，就是单击的位置距离哪个点近，就默认用户单击了哪一个点。对应代码如下：

```
grid = (int(round(event.pos[0]/(GRID_WIDTH + .0))), int(round(event.pos[1]/(GRID_WIDTH + .0))))
```

（3）添加棋子。要想绘制出棋子，必须记录下走的每一步棋，并且在刷新屏幕时将这些棋子全部画出来。定义全局变量movements用于记录每一步棋，每次落子之后就将落子信息存储在该变量中。对应代码如下：

```
movements = []
def add_coin(screen, pos, color):
    movements.append(((pos[0] * GRID_WIDTH, pos[1] * GRID_WIDTH), color))
        pygame.draw.circle(screen, color, (pos[0] * GRID_WIDTH, pos[1] * GRID_WIDTH), 16)
```

再定义画出每一步棋的函数 draw_movements()，对应代码如下：

```
def draw_movements(screen):
    for m ini movements:
        pygame.draw.circle(screen, m[1], pos[0], 16)
```

在刷新屏幕之前调用画出棋子的函数，对应代码如下：

```
draw_movements(screen)
```

5. 判断游戏是否结束

游戏结束的标志是5个棋子连成线，每次落子的时候只要判断所落棋子周围有没有统一颜色的棋子可以五子连成线。需要用一个矩阵记录每个位置棋子的颜色。

```
color_metrix = [[none] * 20 for i in range(20)]
```

此时，就可以定义判断游戏是否结束的函数，该函数只要判断所落棋子的周围是否有五子连成线，一共有 4 个方向。

```
def game_is_over(pos, color):
    hori = 1
    verti = 1
    slash = 1
    backslash = 1
    left = pos[0] - 1
    while left > 0 and color_metrix[left][pos[1]] == color:
        left -= 1
        hori += 1
            right = pos[0] + 1
    while right < 20 and color_metrix[right][pos[1]] == color:
        right += 1
        hori += 1
        up = pos[1] - 1
    while up > 0 and color_metrix[pos[0]][up] == color:
        up -= 1
        verti += 1
        down = pos[1] + 1
    while down < 20 and color_metrix[pos[0]][down] == color:
        down += 1
        verti += 1
        left = pos[0] - 1
        up = pos[1] - 1
    while left > 0 and up > 0 and color_metrix[left][up] == color:
        left -= 1
        up -= 1
        backslash += 1
        right = pos[0] + 1
        down = pos[1] + 1
    while right < 20 and down < 20 and color_metrix[right][down] == color:
        right += 1
        down += 1
        backslash += 1
        right = pos[0] + 1
        up = pos[1] - 1
    while right < 20 and up > 0 and color_metrix[right][up] == color:
        right += 1
        up -= 1
        slash += 1
        left = pos[0] - 1
            down = pos[1] + 1
    while left > 0 and down < 20 and color_metrix[left][down] == color:
        left -= 1
        down += 1
        slash += 1
        if max([hori, verti, backslash, slash]) >= 5:
            return True
```

在画出棋子之后加入游戏结束的判断代码。

```
if game_is_over_(grid,BLACK):
    running = False
```

在添加棋子的函数中，将改变 color_metrix 的语句加进去，这样只要有 5 个同色棋子连成线，就说明游戏结束。通过专用函数 move() 处理用户走子和 AI 的响应函数接口。

```
def move (surf, pos)
    '''
    Args:
        surf: 我们的屏幕
        pos:用户落子的位置
    Returns a tuple or None:
        None: if move is invalid else return a
        tuple (bool, player):
            bool:True is game is not over else False
            player:winner (USER or AI)
    '''
```

上述过程首先判断落子的位置是否已经有棋子，有则返回 None，否则落子是合法的，接着调用 add_coin() 函数，最后调用 respond() 函数。move() 函数的具体实现代码如下：

```
def move(surf, pos):
    '''
    Args:
        surf: 我们的屏幕
        pos: 用户落子的位置
    Returns a tuple or None:
        None: if move is invalid else return a
        tuple (bool, player):
            bool: True is game is not over else False
            player: winner (USER or AI)
    '''
    grid = (int(round(pos[0] / (GRID_WIDTH + .0))),
            int(round(pos[1] / (GRID_WIDTH + .0))))
    if grid[0] <= 0 or grid[0] > 19:
        return
    if grid[1] <= 0 or grid[1] > 19:
        return
    pos = (grid[0] * GRID_WIDTH, grid[1] * GRID_WIDTH)
    # num_pos = gridpos_2_num(grid)
    # if num_pos not in remain:
    # return None
    if color_metrix[grid[0]][grid[1]] is not None:
        return None
    curr_move = (pos, BLACK)
    add_coin(surf, BLACK, grid, USER)
    if game_is_over(grid, BLACK):
        return (False, USER)
    return respond(surf, movements, curr_move)
```

这样就给 add_coin() 函数添加了一个参数，表示当前落子的角色，其中：

USER, AI = 1, 0

我们用随机落子代替 AI，respond() 函数的具体实现代码如下：

```
def respond(surf,movements,curr_move)
    #测试用,随机落子
        grid_pos = (random.randint(1,19),random.randint(1,19))
        # print(grid_pos)
    add_coin(surf,WHITE,grid_pos,16)
    if game_is_over(grid_pos,WHITE):
        return (False,AI)
    return None
```

10.4 俄罗斯方块游戏

10.4.1 俄罗斯方块游戏描述

《俄罗斯方块》曾是一款风靡全球的游戏,这款游戏最初是由 Alex Pajitnov 制作的,它看似简单却变化无穷,令人上瘾。

在本游戏项目中,主要用到如下 4 类图形。

(1)边框:由 10×20 个空格组成,方块就落在里面。

(2)盒子:组成方块的小方块,是组成方块的基本单元。

(3)方块:从边框顶部落下的东西,游戏者可以翻转和改变位置。方块由 4 个盒子组成。

(4)形状:不同类型的方块,形状的名字分别被称为 T、S、Z、J、L、I 和 O。表示本游戏项目中预先规划了如图 10-1 所示的 7 种形状。

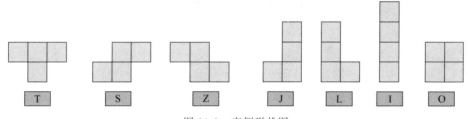

图 10-1 实例形状图

除了准备上述 4 种图形外,还需要用到如下两个术语。

(1)模板:用一个列表存放形状被翻转后的所有可能样式。所有可能样式全部存放在变量里面,变量名形如 S_SHAPE_TEMPLATE 或 J_SHAPE_ TEMPLATE。

(2)着陆(碰撞):当一个方块到达边框的底部或接触到其他盒子时,我们称这个方块着陆了,此时另一个新的方块就会出现在边框顶部并开始下落。

10.4.2 俄罗斯方块游戏实现

1. 调用库函数及初始化

使用 import 语句引入 Python 的内置库和游戏库,然后定义项目用到的一些变量,并进行初始化工作。具体实现代码如下:

```
import random, time, pygame, sys
from pygame.locals import *
FPS = 25
```

```
WINDOWWIDTH = 640
WINDOWHEIGHT = 480
BOXSIZE = 20
BOARDWIDTH = 10
BOARDHEIGHT = 20
BLANK = '.'
MOVESIDEWAYSFREQ = 0.15
MOVEDOWNFREQ = 0.1
XMARGIN = int((WINDOWWIDTH - BOARDWIDTH * BOXSIZE) / 2)
TOPMARGIN = WINDOWHEIGHT - (BOARDHEIGHT * BOXSIZE) - 5
♯R G B
WHITE = (255, 255, 255)
    GRAY = (185, 185, 185)
BLACK = ( 0, 0, 0)
    RED = (155, 0, 0)
    LIGHTRED = (175, 20, 20)
GREEN = ( 0, 155, 0)
LIGHTGREEN = ( 20, 175, 20)
BLUE = ( 0, 0, 155)
LIGHTBLUE = ( 20, 20, 175)
YELLOW = (155, 155, 0)
LIGHTYELLOW = (175, 175, 20)
BORDERCOLOR = BLUE
BGCOLOR = BLACK
TEXTCOLOR = WHITE
TEXTSHADOWCOLOR = GRAY
COLORS = (BLUE, GREEN, RED, YELLOW)
        LIGHTCOLORS = (LIGHTBLUE, LIGHTGREEN, LIGHTRED, LIGHTYELLOW)
        assert len(COLORS) == len(LIGHTCOLORS) ♯ each color must have light color
        TEMPLATEWIDTH = 5
        TEMPLATEHEIGHT = 5
```

在上述代码中，BOXSIZE、BOARDWIDTH 和 BOARDHEIGHT 的功能是建立游戏与屏幕像素点的联系。请看以下两个变量。

```
MOVESIDEWAYSFREQ = 0.15
MOVEDOWNFREQ = 0.1
```

通过使用上述两个变量，每当游戏玩家按下键盘上的左方向键或右方向键，下降的方块相应地向左或向右移一个格子。另外，游戏玩家也可以一直按下左方向键或右方向键，让方块保持移动。MOVESIDEWAYSFREQ 这个固定值表示如果一直按下左方向键或右方向键，那么每 0.15s 方块才会继续移动一次。MOVEDOWNFREQ 这个固定值与上面的 MOVESIDEWAYSFREQ 一样，功能是设定当游戏玩家一直按下下方向键时方块下落的频率。

再看下面两个变量，它们表示游戏界面的高度和宽度。

```
XMARGIN = int((WINDOWWIDTH - BOARDWIDTH * BOXSIZE) / 2)
TOPMARGIN = WINDOWHEIGHT - (BOARDHEIGHT * BOXSIZE) - 5
```

剩余的变量都是和颜色定义相关的，其中需要注意 COLORS 和 LIGHTCOLORS 这两个变量。COLORS 是组成方块的小方块的颜色，而 LIGHTCOLORS 是围绕在小方块周围的颜色，是为了强调轮廓而设计的。

2. 定义方块形状

开始定义方块形状,分别定义 T、S、Z、J、L、I 和 O 共计 7 种方块形状。具体实现代码如下:

```
S_SHAPE_TEMPLATE = [['.....', '.....', '..00.', '.00..', '.....'],
                    ['.....', '..0..', '..00.', '...0.', '.....']]
Z_SHAPE_TEMPLATE = [['.....', '.....', '.00..', '..00.', '.....'],
                    ['.....', '..0..', '.00..', '.0...', '.....']]

I_SHAPE_TEMPLATE = [['..0..', '..0..', '..0..', '..0..', '.....'],
                    ['.....', '.....', '0000.', '.....', '.....']]
O_SHAPE_TEMPLATE = [['.....', '.....', '.00..', '.00..', '.....']]
J_SHAPE_TEMPLATE = [['.....', '.0...', '.000.', '.....', '.....'],
                    ['.....', '..00.', '..0..', '..0..', '.....'],
                    ['.....', '.....', '.000.', '.....', '.000.', '.0...', '.....'],
                    ['.....', '.00..', '..0..', '..0..', '.....']]
T_SHAPE_TEMPLATE = [['.....', '..0..', '.000.', '.....', '.....'],
                    ['.....', '..0..', '..00.', '..0..', '.....'],
                    ['.....', '.....', '.000.', '..0..', '.....'],
                    ['.....', '..0..', '.00..', '..0..', '.....']]
```

在定义每个方块时,必须知道每种类型的方块有多少种形状。在上述代码中,在列表中嵌入含有字符串的列表来构成这个模板,一种方块类型的模板包含这个方块可能变换的所有形状。在定义每种方块形状的模板之前,通过如下两行代码表示组成形状的行和列。

```
TEMPLATEWIDTH = 5
TEMPLATEHEIGHT = 5
```

3. 定义字典变量

定义字典变量 PIECES 存储所有不同形状的模板,PIECES 变量包含每种类型的方块和所有的变换形状,即存放游戏中用到的形状的数据结构。具体实现代码如下:

```
PIECES = {'S': S_SHAPE_TEMPLATE,
    'Z': Z_SHAPE_TEMPLATE,
    'J': J_SHAPE_TEMPLATE,
    'L': L_SHAPE_TEMPLATE,
    'I': I_SHAPE_TEMPLATE,
    'O': O_SHAPE_TEMPLATE,
    'T': T_SHAPE_TEMPLATE}
```

4. 主函数

编写主函数 main(),主要功能是创建一些全局变量以及在游戏开始之前显示开始画面。具体实现代码如下:

```
def main():
    global FPSCLOCK, DISPLAYSURF, BASICFONT, BIGFONT
    pygame.init()
    FPSCLOCK = pygame.time.Clock()
    DISPLAYSURF = pygame.display.set_mode((WINDOWWIDTH, WINDOWHEIGHT))
    BASICFONT = pygame.font.Font('freesansbold.ttf', 18)
    BIGFONT = pygame.font.Font('freesansbold.ttf', 100)
    pygame.display.set_caption('Tetromino')
    # showTextScreen('Tetromino')
```

```
while True: # game loop
# if random.randint(0, 1) == 0:
    # pygame.mixer.music.load('tetrisb.mid')
# else:
# pygame.mixer.music.load('tetrisc.mid')
# pygame.mixer.music.play(-1, 0.0)
runGame()
# pygame.mixer.music.stop()
showTextScreen('Game Over')
```

上述代码中的 runGame()函数是核心,在循环中首先简单地随机决定采用哪个背景音乐。然后调用 runGame()函数运行游戏。当游戏失败时,runGame()函数会返回到 main()函数,这时会停止背景音乐和显示游戏失败画面。当玩家按下一个键时,showTextScreen()函数会显示游戏失败,游戏会再次循环开始,然后继续下一次游戏。

5. 运行游戏

编写 run Game()函数,用于运行游戏。

（1）在游戏开始时设置运行过程中用到的几个变量。具体实现代码如下:

```
def runGame():
    # setup variables for the start of the game
    board = getBlankBoard()
    lastMoveDownTime = time.time()
    lastMoveSidewaysTime = time.time()
        lastFallTime = time.time()
    movingDown = False # note: there is no movingUp variable
    movingLeft = False
    movingRight = False
    score = 0
    level, fallFreq = calculateLevelAndFallFreq(score)
        fallingPiece = getNewPiece()
    nextPiece = getNewPiece()
```

（2）在游戏开始和方块掉落之前需要初始化和游戏开始相关的一些变量。变量 fallingPiece 被赋值为当前掉落的方块,变量 nextPiece 被赋值为游戏玩家可以在屏幕的 NEXT 区域看见的下一个方块。具体实现代码如下:

```
while True:                          # game loop
    if fallingPiece == None:
        # No falling piece in play, so start a new piece at the top
        fallingPiece = nextPiece
        nextPiece = getNewPiece()
        lastFallTime = time.time()       # reset lastFallTime
    if not isValidPosition(board, fallingPiece):
        return                       # can't fit a new piece on the board, so game over
        checkForQuit()
```

上述代码包含当方块往底部掉落时的所有代码。变量 fallingPiece 在方块着陆后被设置成 None。这意味着 nextPiece 变量中的下一个方块应该被赋值给 fallingPiece 变量,然后一个随机方块又会被赋值给 nextPiece 变量。变量 lastFallTime 被赋值为当前时间,这样就可以通过变量 fallFreq 控制方块下落的频率。来自函数 getNewPiece()的方块只有一部分被放置在方框区域中,但如果这是非法位置,比如此时游戏方框已被填满(isValidPosition()

函数返回 False),那么就知道方框已经满了,这说明游戏玩家输掉了游戏。当这些发生时,runGame()函数就会返回。

(3)实现游戏的暂停,如果游戏玩家按 P 键,游戏就会暂停。我们应该隐藏游戏界面以防止游戏者作弊(否则游戏者会看着画面思考怎么处理方块),用 DISPLAYSURF.fill(BGCOLOR)就可以实现这个功能。具体实现代码如下:

```
for event in pygame.event.get():            # event handling loop
    if event.type == KEYUP:
        if (event.key == K_p):
            # Pausing the game
            DISPLAYSURF.fill(BGCOLOR)
            #pygame.mixer.music.stop()
            showTextScreen('Paused')          # pause until a key press
            #pygame.mixer.music.play(-1, 0.0)
            lastFallTime = time.time()
            lastMoveDownTime = time.time()
            lastMoveSidewaysTime = time.time()
```

(4)按方向键或 A、D、S 键会把 movingLeft、movingRight 和 movingDown 变量设置为 False,这说明游戏玩家不想再在这个方向上移动方块。后面的代码会基于移动变量处理一些事情。在此需要注意,上方向键和 W 键用来翻转方块而不是移动方块,这就是为什么没有 movingUp 变量的原因。具体实现代码如下:

```
        elif (event.key == K_LEFT or event.key == K_a):
            movingLeft = False
        elif (event.key == K_RIGHT or event.key == K_d):
            movingRight = False
        elif (event.key == K_DOWN or event.key == K_s):
            movingDown = False
    elif event.type == KEYDOWN:
        # moving the piece sideways
        if (event.key == K_LEFT or event.key == K_a) and isValidPosition(board,
                    fallingPiece, adjX = -1):
            fallingPiece['x'] -= 1
            movingLeft = True
            movingRight = False
            lastMoveSidewaysTime = time.time()
    elif (event.key == K_RIGHT or event.key == K_d) and isValidPosition(board, fallingPiece,
adjX = 1):
            fallingPiece['x'] += 1
            movingRight = True
            movingLeft = False
            lastMoveSidewaysTime = time.time()
```

(5)如果上方向键或 W 键被按下,则会翻转方块。下面的代码要做的就是将存储在 fallingPiece 字典中的'rotation'键的键值加 1。但是,当增加的'rotation'键值大于所有当前类型方块的形状数目时(数目存储在 len(PIECES[fallingPiece['shape']])变量中),就翻转到最初的形状。具体实现代码如下:

```
    # rotating the piece (if there is room to rotate)
    elif (event.key == K_UP or event.key == K_w):
        fallingPiece['rotation'] = (fallingPiece['rotation'] + 1) %
```

```
len(PIECES[fallingPiece['shape
']])
    if not isValidPosition(board, fallingPiece):
        fallingPiece['rotation'] = (fallingPiece['rotation'] - 1) % len(PIECES[fallingPiece
['shape']])
    elif (event.key == K_q):                    # rotate the other direction
        fallingPiece['rotation'] = (fallingPiece['rotation'] - 1) % len(PIECES[fallingPiece
['shape']])
    if not isValidPosition(board, fallingPiece):
        fallingPiece['rotation'] = (fallingPiece['rotation'] + 1) % len(PIECES[fallingPiece
['shape']])
```

（6）如果下方向键被按下，那么游戏玩家此时希望方块下降的速度比平常快。fallingPiece['y']＋＝1 使方块下落一个格子（前提是这是有效下落），movingDown 被设置为 True，lastMoveDownTime 变量也被设置为当前时间。这个变量以后将被用于检查当下方向键一直按下时，保证方块以比平常快的速度下降。具体实现代码如下：

```
# making the piece fall faster with the down key
    elif (event.key == K_DOWN or event.key == K_s):
        movingDown = True
    if isValidPosition(board, fallingPiece, adjY = 1):
        fallingPiece['y'] += 1
    lastMoveDownTime = time.time()
```

（7）当游戏玩家按空格键时，方块将会迅速下落至着陆。程序首先需要找出方格着陆需要下降多少个格子。其中有关移动的 3 个变量都要设置为 False（保证程序后面部分的代码知道游戏玩家已经停止按下所有的方向键）。具体实现代码如下：

```
# move the current piece all the way down
    elif event.key == K_SPACE:
        movingDown = False
    movingLeft = False
    movingRight = False
    for i in range(1, BOARDHEIGHT):
        if not isValidPosition(board, fallingPiece, adjY = i):
            break
    fallingPiece['y'] += i - 1
```

（8）如果用户按住按键超过 0.15s，那么表达式“（movingLeftormovingRight）and time.time()−lastMoveSidewaysTime＞ MOVESIDEWAYSFREQ：”返回 True。这样就可以将方块向左或向右移动一个格子。这种做法是很有用的，因为如果用户重复按下方向键，让方块移动多个格子是很烦人的。较好的做法是，用户可以按住方向键，让方块保持移动，直到松开键为止。最后别忘了更新 lastMoveSidewaysTime 变量。具体实现代码如下：

```
# handle moving the piece because of user input
if(movingLeftormovingRight)andtime.time() - lastMoveSidewaysTime
                                    > MOVESIDEWAYSFREQ:
    if movingLeft and isValidPosition(board, fallingPiece, adjX = -1):
        fallingPiece['x'] -= 1
    elif movingRight and isValidPosition(board, fallingPiece, adjX = 1):
        fallingPiece['x'] += 1
    lastMoveSidewaysTime = time.time()
    if movingDown and time.time() - lastMoveDownTime > MOVEDOWNFREQ and
```

```
                                isValidPosition(board, fallingPiece, adjY = 1):
            fallingPiece['y'] += 1
        lastMoveDownTime = time.time()
    if time.time() - lastFallTime > fallFreq:
        if not isValidPosition(board, fallingPiece, adjY = 1):
            addToBoard(board, fallingPiece)
            score += removeCompleteLines(board)
            level, fallFreq = calculateLevelAndFallFreq(score)
            fallingPiece = None
        else:
            # piece did not land, just move the piece down
            fallingPiece['y'] += 1
            lastFallTime = time.time()
```

（9）在屏幕中绘制前面定义的所有图形，具体实现代码如下：

```
# drawing everything on the screen
DISPLAYSURF.fill(BGCOLOR)
drawBoard(board)
drawStatus(score, level)
drawNextPiece(nextPiece)
if fallingPiece != None:
    drawPiece(fallingPiece)
pygame.display.update()
FPSCLOCK.tick(FPS)
```

参 考 文 献

[1] 李春葆.数据结构教程[M].5版.北京：清华大学出版社,2020.

[2] 郑宗汉,郑晓明.算法设计与分析[M].3版.北京：清华大学出版社,2021.

[3] 张光河.数据结构[M].北京：人民邮电出版社,2018.

[4] Gao X Y,Li J Z,Miao D J,et al. Recognizing the tractability in big data computing[J]. Theoretical Computer Science，2020,838：195-207.

[5] 史九林.数据结构基础[M].北京：机械工业出版社,2008.

[6] 吕云翔,郭颖美.数据结构(Python版)[M].北京：清华大学出版社,2019.

[7] 徐立臻.数据结构基础实验指导[M].南京：东南大学出版社,2019.

[8] 严蔚敏.数据结构[M].北京：人民邮电出版社,2011.

[9] Matthes E. Python编程从入门到实践[M].袁国忠,译.北京：人民邮电出版社,2020.

[10] 严蔚敏,吴伟民.数据结构(C语言版)[M].2版.北京：清华大学出版社,1997.

[11] Cormen T H,Leiserson C E,Rivest R L,et al.算法导论[M].潘金贵,等译.2版.北京：机械工业出版社，2006.

[12] 殷人昆.数据结构(C语言描述)[M].北京：清华大学出版社,2012.

[13] 李春葆,蒋林.数据结构教程(Python语言描述)学习与上机实验指导[M].北京：清华大学出版社,2021.

[14] 朱智林.数据结构[M].北京：清华大学出版社,2021.

[15] 贾积禹,崔佳诺.一种基于图和邻接表的站场图模型设计方法[J].铁路通信信号工程技术,2021,18(11)：13-18.

[16] He Meng,Kazi Serikzhan. Data structures for categorical path counting queries[J]. Theoretical Computer Science,2022,938.

[17] 邓俊辉.数据结构(C++语言版)[M].3版.北京：清华大学出版社,2016.

[18] Miller B N,Ranum D L. Python数据结构与算法分析[M].吕能,刁寿均,译.2版.北京：人民邮电出版社,2020.

[19] Knuth,Donald Ervin et al. Fast Pattern Matching in Strings[J]. SIAM Comput. 1977(6)：323-350.

[20] 王晓东.算法设计与分析[M].4版.北京：清华大学出版社,2018.

[21] Lodi A,Zarpellon G. On learning and branching：a survey[J]. TOP,2017：1-30.

[22] Araya I,Guerrero K,Nuez E. VCS：A new heuristic function for selecting boxes in the single container loading problem[J]. Computers and Operations Research,2017：2-10.

[23] 王晓东.计算机算法设计与分析[M].北京：电子工业出版社,2001.

[24] 郑宗汉,郑晓明.算法设计与分析[M].北京：清华大学出版社,2005.

[25] 王红梅.算法设计与分析[M].北京：清华大学出版社,2006.

[26] Cormen T H,Leiserson C E,Rivest R L，et al. Introduction to algorithms[M]. MIT press,2022.

[27] Manber U. Introduction to algorithms：a creative approach[M]. Addison-Wesley Longman Publishing Co. Inc.,1989.

[28] Kleene S C. Origins of recursive function theory[J]. Annals of the History of Computing,1981,3(1)：52-67.

[29] Mount D M. Design and analysis of computer algorithms[J]. Lecture Notes，University of Maryland，College Park,1999.

[30] 周志敏,纪爱华.人工智能[M].北京：人民邮电出版社,2017.

［31］　刘金凤,赵鹏舒,祝虹媛.计算机软件基础[M].哈尔滨：哈尔滨工业大学出版社,2012.

［32］　王莹.面向计算思维培养的游戏化教学设计与实践研究[D].银川：宁夏大学,2022.

［33］　阚淑华.基于 Python 编程语言的技术应用[J].电子技术与软件工程,2021(1)：47-48.

［34］　王哲.基于 Python 的增强现实游戏研究与实现[D].成都：电子科技大学,2018.

［35］　余悦雯.基于 Minecraft 的 Python 编程教学活动设计与实施[D].杭州：浙江大学,2019.